아들은 원래
그렇게 태어났다

엄마는 너무 모르는
아들의 속마음과 관계의 기술

루신다 닐 지음 | 우진하 옮김

아 들 은
원래 그렇게
태 어 났 다

카시오페아
Cassiopeia

제가 남자아이에 대해 배운 것들을 한국 독자와 함께 나누게 되어 정말 기쁩니다. 제가 그랬던 것처럼 여러분도 아이들을 이해하고 함께할 수 있었으면 좋겠습니다.

남자아이의 가장 중요한 특징은 매우 직접적이고 즉흥적이라는 것이지요. 남자아이들은 재미있는 것, 말썽부리는 걸 아주 좋아하고 결과가 어떻게 될지는 생각하지 않아요. 이런 성향은 부모나 교사와는 아주 다르지요. 어른은 늘 앞만 바라보며 아이를 모범적으로 키우고 싶어해요. 하지만 아이가 어른과 같은 시선을 갖는 것 자체가 어쩌면 불가능한 일 아닐까요. 아직은 아이일 뿐이니까요! 그래서 제가 생각한 방법은 어른이 아이의 관점이 되는 거예요. 실제로 해보면 이편이 훨씬 더 쉽고, 완전히 새로운 아이의 모습을 발견할 수도 있게 된답니다.

남자아이를 상대하는 일은 고성능의 자동차를 모는 일과 비슷

합니다. 빠르게 달릴 수 있는 차를 느리게만 모는 건 좋은 일이 아니지요. 어떤 식으로든 본래의 특성을 드러내는 게 중요한데, 이 책은 바로 그 점을 강조하고 있어요. 남자아이의 본성을 인정하는 가운데 어른이 나아갈 방향을 찾는 거예요. 그렇다면 남자아이의 자질을 최대한 이끌어내기 위해 해야 할 일과 하지 말아야 할 일은 무엇일까요.

하지 말라고 하는 대신 안전하게 하는 법을 가르쳐라

우선 잔소리와 소리 지르기는 하지 말아야 할 첫 번째 일이랍니다. 어른들은 대부분 잔소리나 호통이 없으면 아이를 제대로 다룰 수 없다고 생각해요. 그렇지만 그런 어른의 행동에 아이들도 불만을 토로하지 않나요? 잔소리나 호통은 아이의 기분을 상하게 하고 스스로 하려는 의지를 꺾게 하죠. 다행히 이런 문제를 해결할 아주 간단한 방법이 있습니다.

먼저 남자아이가 말썽부리는 일을 좋아하고 어른을 곤란하게 만드는 것을 좋아한다는 사실을 인정하세요. 남자아이는 어른의 혈압이 솟구치는 걸 보고 정말로 좋아한답니다! 그렇지만 우리가 침착한 모습으로 아이들이 파놓은 함정에 빠지지 않으면 아이들도 이내 두 손을 들고 말지요. 처음에는 어렵지만, 작은 소리로 남자아이를 움직일 수 있다면 충분히 할 만한 가치가 있습니다.

남자아이는 흥분되는 일을 좋아하고 도전을 즐겨요. 그리고 어른은 그런 아이에게 위험하다고, 그러지 말라고 말리곤 하죠. 그렇지만 어른의 만류가 오히려 아이들의 도전 의식을 부채질한답니다! 아이들은 위험한 일을 시도하면서 중요한 교훈을 배우기도 해요. 무조건 하지 말라고 하는 대신 안전하게 하는 법을 가르치세요.

때로 어른들이 모여 아이에 대한 불만을 이야기하기도 합니다. 남자아이가 얼마나 다루기 힘든지 부정적으로 말하며 잘한 일은 살펴보려고도 하지 않죠. 그렇게 어른이 부정적인 면만 보게 되면, 결국 아이와의 관계는 회복되지 않습니다. 어른이 먼저 대화의 주제를 바꾸고 긍정적인 자질과 행동을 찾으려는 노력을 기울여야 합니다.

남자아이는 기운이 넘치고 재미있으며 아주 사랑스러워요. 아이들을 억지로 바꾸려 하기보다는 긍정적인 면을 받아들이면 어떨까요. 아이들에게는 앞으로 더 성장하고 성숙해져 세상에 나가 큰일을 이룰만한 충분한 시간이 있습니다. 그렇지만 지금 당장은 있는 그대로의 모습으로 아이를 바라보아야 해요. 다섯 살이나 열다섯 살의 남자아이의 모습 그대로요.

만약 아이가 어떤 새로운 일을 하려 한다면 어떻게 대응해야 할까요? 이 책은 여러분을 도와줄 여러 전략을 소개합니다. 그 전략들을 통해 아이가 자발적으로 움직이게 될 때 부모인 우리는 큰 기쁨을 느끼게 될 거예요. 아이들이 어떤 일에 흥미를 느끼고 자신의 에너지를 어떤 방향으로 사용하는지 살펴보세요. 무엇보다 가장 중요한 건 어떤 일이 있어도 포기하지 마세요!

아무쪼록 이 책으로 여러분의 아들에게 숨겨져 있는 놀라운 자질을 찾아내 함께 인생을 즐길 수 있기를 바랍니다.

루신다 닐

남자아이는 자신을 인정해주는 사람을 따른다

남자아이가 어떤 존재인지 한마디로 정의한다면?

사랑스러운 장난꾸러기나 속 썩이는 말썽꾼들? 재미있고 즐겁지만 때로는 유치하고 귀찮은 존재? 조용하면서도 시끄럽고 번잡한 녀석들? 운동과 컴퓨터에 빠져 살며 늘 무엇인가를 알고 싶어하다가도 한가롭게 편히 드러누워 있는 녀석들? 직선적이면서 관대하고 도무지 이해하기 어려운, 그래서 같이 있기 어렵고 다루기 힘든 존재?

이런 대답은 보통 문제가 아이에게 있다고 생각한다. 그렇지만 사실은 대답하는 사람의 문제일 수도 있다!

남자아이는 독립적이며 각자의 방식대로 생각하고 행동한다. 그렇지만 남자아이가 가진 고유의 특성은 자라면서 그리 좋은 평가를 받지 못한다. 학교에서 남자아이의 성적은 매 학년마다 여자아이보다 뒤떨어지고, 그들의 모험정신은 종종 '골칫거리'로 여겨진다. 길거리에서 남자아이 무리와 마주치는 어른들은 거기 모여 있지 말라고 주의를 시키거나 조심스럽게 비켜가기 일쑤이다. 언론에서는 남자아이가 잘한 일을 소개하기보다 문제를 부각하기에 바쁘다.

우리가 남자아이에게 바라는 모습은 분명 이런 것은 아닐 것이다. 우리는 아이가 가진 재능을 발휘하고, 아이의 모험정신이 긍정적으로 드러낼 수 있는 방법을 알고 싶다. 그리고 아이가 위험스러운 존재로 비치지 않기를 바란다. 어떻게 하면 남자아이가 행복하게 성장하는 데 도움을 줄 수 있을까? 어떻게 하면 아이가 자신만만하고 책임감 있고 다정다감한 어른으로 자랄 수 있을까? 어떻게 하면 아이의 재능을 최고로 발휘하게 할 수 있을까?

남자아이의 본성을 알면 어떻게 다룰지도 알 수 있다

이 책은 남자아이의 본성을 살펴보면서 이러한 의문에 해답을 제시한다. 아이들의 동기를 유발하는 것은 무엇일까? 어떻게 하면 아이의 에너지를 모아 하나에 집중하게 할 수 있을까? 아이가 자신의 감정을 잘 다루도록 도와줄 방법은 없을까? 다른 노력이 효과가 없을 때 요긴하게 쓸 수 있는 수단은? 이 책은 이에 따른 적절한 전략을 알려주고 실제로 효과를 보게 해준다.

이 책의 시작은 이제 열일곱 살이 된 내 아들이 태어났을 때로 거슬러 올라간다. 나는 아들이 어른이자 여자인 나와는 너무나 다르다는 것을 조금씩 깨달아가기 시작했다. 그리고 어느 날, 경험 많은 초등학교 교사가 여자아이와 남자아이를 다르게 대하는 걸 보게 되었다. 그 교사는 말을 듣지 않는 남자아이를 굉장히 매정하게 대했는데, 내 아들이 학교에 들어갈 나이가 되자 내 아이 또한 이런 대접을 받을까 무척 걱정되었다.

나는 남자아이를 대하는 사람들이 어떻게 행동해야 하는지 깊이 고민했다. 우리의 아이들을 최고로 잘 키워내고 싶어서였다.

아이에 대한 관심을 부모와 교사 혹은 아동 문제 담당자에게만 맡기는 것은 충분치 않다. 내 아이의 자존감을 키우는 데만 대화 전략을 사용하고 이웃 아이들은 나무라기만 한다면 어떻게 되겠는가. 혹은 잘 아는 아이만 치켜세우고 거리의 다른 아이는 그냥 모른 척한다면? 자신에게 신경 써주는 어른이 있다는 것을 아는 아이는 어른을 존중하고 규칙을 지켜야 함을 알게 된다. 그리고 공동체에 대한 책임감을 키워나간다. 우리가 사는 공동체 안에서 남자아이에 관한 건전한 관심을 유지한다면 자녀를 위한 더 나은 세상을 만들 수 있을 것이다.

아이와 불필요한 다툼을 피하려면

이 책의 목적은 남자와 여자 어른 모두에게 남자아이의 본성이 어떤지, 어떻게 하면 아이와 대화를 나누고 그들의 말에 귀를 기울일 수 있는지에 대한 정확하고 실용적인 방법을 알려주는 것이다. 어른과 아이 모두가 서로 협력하고 불필요한 다툼을 피할 수 있도록 말이다. 대다수 어른은 본능적으로 이런 일을 해내고 아이와 많은 교감을 이루어낸다. 그렇지만 때로는 본능이나 경험만으로 충분치 않을 때도 있다. 그럴 때 바로 이 책의 전략들이 도움이 될 것이다.

아이는 늘 어른의 행동에 따라 반응한다. 아이는 어른이 의도한 행동 안에 어떤 감정이 있는지, 기준이 얼마나 강경하고, 어느 정도 아이를 존중하는지 등을 빠르게 알아차린다. 이 책의 기술을 이용해 자신을 교묘히 길들이려는 걸 아이가 알아버린다면 원하는 복적을 제대로 이룰 수 없을 것이다.

남자아이의 본성을 이해하려면 당연히 남자아이와 여자아이의 차이점과 남자아이의 '전형적인' 행동도 알아야 한다. 그렇지만 '전형적인' 것은 지나친 일반화의 위험성과 한계를 지니고 있기도 하다. 성격과 체질, 행동에서 남자아이와 여자아이는 일반적으로 비슷한 모습을 보여주기도 하지만, 전혀 그렇지 않은 아이도 많다.

남자아이와 여자아이를 비교하면 다른 점보다 같은 점이 훨씬 더 많다. 따라서 이 책의 내용 대부분은 여자아이에게도 적용될 수 있으며 모든 남자아이에게 똑같이 적용되지 않을 수도 있다.

이 책의 각 장에는 각각의 특별한 주제를 담고 있으며 먼저 남자아이가 그 주제와 어떤 관계가 있는지 보여준다. 그다음에 해당 영역에 도움이 되는 실제적인 전략을 알려준다. 각 장의 말미에 있는 어드바이스에는 핵심 내용에 대한 요약과 주제에 대한 질문과 실천 방안이 이어진다. 내가 강조하는 내용은 사례로 설명하며 모두 다 실제 사건과 상황에 기반을 두었다.

이 책의 대략적인 접근 방식을 이해할 수 없거나, 일반적인 대응 방식과 다르다고 느낄 수 있다. 나는 독자들이 일단 이 책을 빨리 읽고 그 뒤에 숨은 철학과 원칙을 파악한 후에 실제적인 기술을 활용하기를 권한다. 우리의 몸에 배어있는 습관을 바꿔보고 싶을 때는 최소한 일주일에 한 가지씩 새로운 기술을 적용하면서 다음 장으로 넘어가기 바란다. 가능하다면 이 책의 내용을 다른 사람과 의논하고 각 장 마지막의 어드바이스를 이용해 개인의 상황에 맞게 전략을 적용해보자. 그렇게 한 걸음씩 나아갈 수 있을 것이다.

자, 마지막으로 한 마디만. 이 책은 남자아이의 본성을 파악하고 잠재된 능력을 이끌어낼 뿐 아니라 모든 아이와 청소년 그리고 성인에게까지 적용할 수 있는 내용을 담고 있다. 이 책 속의 기술은 대상이 누구라도 최고의 능력을 이끌어내고 싶을 때 언제든 사용할 수 있다.

○ 차례 ○

3 경계선과 규율이 올바른 아들로 키운다

4 엄마의 올바른 피드백이 자존감 높은 아들로 키운다

7 아빠가 아들의 성공을 결정한다 ———

아들은 원래
그렇게 태어났다

미래에 되었으면 하는 모습으로

그 사람을 대하라.

그러면 그렇게 될 것이다.

_괴테|Johann Wolfgang von Goaethe / 작가

남자아이에게
중요한 가치는 따로 있다

아이를 키우는 부모라면 남자아이와 여자아이가 다르다는 것을 금방 안다. 하지만 그 차이를 무시하고 아이를 키우는 부모도 무수히 많다. 남자아이에게 장난감 총을 가지고 놀지 못하게 하면, 아이는 레고 블록이든 빵조각이든 무슨 수를 써서라도 총을 만들어낸다. 여자아이의 방에 인형 대신 장난감 차와 블록 등을 채워놓으면, 아이는 동생에게 "이건 엄마 차, 이건 아빠 차, 그리고 이건 아기가 타는 차야."라고 말하며 소꿉놀이를 한다. 남녀 쌍둥이를 키우는 부모의 말로는 남자아이는 활과 화살, 여자아이는 인형의 집을 가지고 노는데 서로 자기 장난감으로 같이 놀자고 해도 아무 소용이 없다고 한다.

일반적으로 남자아이는 활동적이고 충동적이다. 아이가 내뿜는 에너지는 또래 남자아이와 함께 있으면 더욱 크게 나타난다. 육체적 에너지는 심리적 자유분방함으로 보이기도 한다. 남자아이는 대체로 위험을 두려워하지 않으며 실패나 어른의 질책은 안중에도 없는 것 같다. 아이는 용감하거나 무모하거나 혹은 둘 다인 것만 같고, 결과를 생각하기 전에 행동부터 하는 것처럼 보인다. 남자아이는 직선적이고 단순하게 행동한다. 남자아이는 뽐내고 잘난 척하며 다른 사람의 주목을 받고 싶어하면서도 자신은 다른 사람에게 거의 신경 쓰지 않는다. 남자아이는 능력 있어 보이고 싶어 하는데 이 욕망은 결국 아이를 정의로움과 공정함으로 이끈다.

- 댄 킨들런 · 마이클 톰슨《아들 심리학Raising Cain》

남자아이는 어른과는 다른 관점으로 세상을 바라본다. 아이를 이해하고 싶다면 먼저 아이가 무엇을 중요하게 생각하는지 알아야 한다. 대부분의 남자아이는 짜릿함과 유머 감각 그리고 용기와 정의를 중요하게 생각한다.

남자아이의 중요 가치: 흥미 · 유머 · 용기 · 정의

남자아이의 성격이 외향적인지 내향적인지 육체와 정신 중 어느 쪽을 더 많이 사용하는지는 상관없다. 남자아이의 공통적인 모습을 이해하면 아이의 속마음을 알아채고 좋은 관계를 이어나가는 방법을 깨달을 수 있다.

　대부분 남자아이는 현실과 허구의 세계 모두에 흥미를 느낀다. 자전거나 스케이트 혹은 모터바이크로 속도를 즐기고 자신을 한계까지 몰아붙인다. 때로는 가상의 컴퓨터 게임 같은 것에 몰두하기도 한다.

　　남자아이를 이해하는 가장 간단한 방법은 바로 재미를 만들어내는 것이다. 위험을 감수해야 하는 모든 활동에 약간의 모험적인 분위기를 섞는다. 거기에 파괴 충동을 더하면 아이를 이끄는 승자가 될 수 있다.

　　　　　　　　　　　　　　　　　　- 존 엘드리지《거친 마음Wild Heart》

　유머 감각은 남자의 삶에 기본적인 요소이다. 유머는 서로 하나로 이어주는 것은 물론, 어려운 시기를 헤쳐나가게 도와주고 남자와 여자 모두를 즐겁게 만들어준다. 남자의 유머 감각과 엉뚱한 모습에 매력을 느끼는 여자가 얼마나 많은가? 그렇지만 결혼한 뒤에는 그 터무니없는 유머 감각을 진정시키느라 평생 애쓰는 여자는 또 얼마나 많은가! 남자아이는 무조건 '재미있는 일'을 좋아한다. 어른은 유머 감각을 이용해 아이의 관심을 끌고 상황을 부드럽게 만들어 협조를 이끌어낼 수 있다. 아이는 농담을 이해할 수 있는 사람을 존경하고 그렇지 못한 사람을 약 올리고 싶어한다.

'하지 마!'라고 하는 순간 남자아이는 하고 싶어진다

남자아이는 위험한 일을 좋아한다. 다른 사람의 용기 있는 행동을 보면 그 사람을 인정한다. 누군가 자전거를 타고 곡예를 부리거나 자기보다 나이 많은 사람에 맞선다면 어른의 눈에는 무모해 보일지라도 또래에게는 용감하게 보인다. 남자아이가 어릴 때부터 '용기 있는 행동'을 연습하는 것을 종종 보게 되는데, 이때 위험한 일을 하지 말라는 경고는 아이를 부추겨 더 적극적으로 하게 만들 뿐이다!

하나님은 왜 남자아이들을 창조하셨을까

하나님께서 마음속으로 생각하던 이 세상을 창조하셨다.

아름다운 산과 바다와 강물들, 초원과 들판, 그리고 숲을 창조

하셨지.

그러다가 잠시 하던 일을 멈추고 이렇게 생각하셨다.

"저 산 꼭대기에 우뚝 설 사람, 바다를 정복하고

초원을 탐험하며 숲속의 나무 위로 올라갈

그런 사람이 있었으면 좋겠다.

그 시작은 미약하나 끝은 창대하여 나무처럼 억세고 당당하게

자라날 그런 사람이 필요하다."

그래서 하나님은 남자아이들을 창조하셨다.

재미와 열정으로 가득 차 정복하고 탐험하며

달리고 뛰어놀 수 있는 그런 아이들을.

지저분한 얼굴에 턱을 한껏 치켜들고,

용감한 마음과 천진난만한 웃음을 가진 그런 아이들을.

그렇게 하나님은 자신이 시작한 창조 사업을 마무리 지으셨다.

그는 분명히 이렇게 말씀하셨으리라.

"모든 것이 다 잘 되었구나."

- 캐시 크라프트Cathy Craft, 3형제의 엄마

영어의 '용기courage'라는 말은 마음을 뜻하는 프랑스 말인 '쾨르coeur'에서 유래되었다. 남자아이는 자신의 마음을 '용기'로 표현한다.

모든 아이들이 공정함을 중요하게 생각하지만 특히 남자아이는 정의감이 투철하다. 그들은 옳지 않은 일에 예민하게 반응하고 잘못을 바로잡는 일을 명예롭게 여긴다. 그렇지만 남자아이가 옳지 않은 일이라고 생각하는 게 어른에게는 아닐 수도 있다. 반대로

잘못을 바로잡으려는 아이의 방식이 더욱 정의롭지 못할 때도 많다.

남자아이 뿐 아니라 대부분의 사람은 인정과 존중을 받으며 칭찬받기를 원한다. 그렇다면 우리는 어느 정도까지 아이를 인정하고 존중하고 칭찬할 것인가? 다음 일화를 한번 보자.

열한 살의 한 남자아이가 운하를 따라 걷고 있다. 아이는 아주 예쁜 돌을 발견하고는 주머니에 집어넣었다. 그리고 지팡이로 쓰기 적당한 긴 막대기도 하나 주웠다. 아이는 이렇게 마음에 드는 돌이나 미끈하게 잘 빠진 막대기를 찾아 주변을 두리번거리다 길가의 오리 몇 마리를 발견했다. 아이는 오리가 눈치채지 못하게 살금살금 기어갔다. 그때 운하 건너편에서 큰 소리가 들려왔다.

"그 오리들을 가만 내버려 둬!"

한 여자가 말뚝에 묶여있는 큰 보트에서 이렇게 소리쳤다.

"오리에게서 멀리 떨어지라고!"

그저 오리가 좋아서 가까이 가려고 한 것뿐인데. 풀이 죽은 아이는 자리를 떠났다. 여자는 손을 허리에 짚고 오리가 무사한지 확인할 때까지 계속 그렇게 서 있었다. 아이가 사라지자 이번에는 한 어부가 네 살 먹은 여자아이를 데리고 나타났다. 어부는 고기 잡는 도구들을 펼쳐놓았고 여자아이는 마음대로 놀고 있었다. 오리를 발견한 아이는 조심스럽게 오리에게 다가갔다. 여자는 어부와 작은 여자아이를 보았지만 이번에는 그냥 보트의 선실 안으로 들어가 버렸다.

남자아이는 자주 짓궂은 짓을 벌이지만 종종 무조건 나쁜 일을 할 것으로 생각되기도 한다. 게다가 어른들은 실제로 벌어진 일이 아닌데 그렇게 할거라는 짐작만으로 아이들을 질책하곤 한다. 남자아이는 이럴 때 불공평하다고 느낀다.

남자아이가 어른에게 인정과 존중을 받지 못하면 아이는 반항하고 화를 내며 무례하게 돌변한다. 아이가 어른으로부터 계속해서 원하는 칭찬을 받지 못한다면, 또래의 관심을 끌려고 익살스럽고 뻔뻔한 행동을 하거나 규칙을 깨트리면서 주목받으려 할 것이다.

아이가 자라서 남자가 되는 게 아니라 아이 자체가 어린 남자다

많은 여자가 남자란 절대로 어른이 될 수 없다고 생각한다. 잘못 알고 있다. 아이가 자라서 남자가 되는 게 아니라 남자아이 자체가 그냥 어린 남자다. 남자아이를 다룰 때는 이점을 명심해야 한다.

자신이 인정과 존중을 받고 있다고 느끼는 남자아이는 스스로 최고의 모습을 보여준다. 때로는 아이 속에서 제일 좋은 모습을 찾아내겠다는 부모의 마음만으로도 아이에게 긍정적인 변화가 일어나기도 한다. 아이를 인정하는 모습을 적절한 언어로 표현해주면 아이는 더 크게 변화한다. 어른이 자신을 인정한다고 느끼는 아이들은 이번에는 스스로 어른의 존재를 인정하고 따르기 시작한다.

남자아이와 여자아이는 다르게 태어났다

남자아이와 여자아이 사이에는 매우 중요한 신체적, 행동적 차이가 있다.

- 평균적으로 여자아이는 남자아이보다 더 빠르게 말을 하고 더 어린 나이에 문장을 말할 수 있다.
- 남자아이는 일반적으로 여자아이보다 활동적이고 빨리 움직이며 더 많은 시간을 움직이면서 보낸다.
- 여자아이는 남자아이보다 빨리 읽기 시작하고 문법과 철자와 맞춤법도 더 쉽게 익힌다.
- 남자아이는 공간능력이 뛰어나서 눈과 손과 발을 같이 움직이는 반응이 더 잘 이루어진다. 3차원 공간을 더 쉽게 상상할 수 있다.
- 여자아이는 대부분 남자아이보다 많은 시간을 듣고 이야기한다.
- 여자아이는 남자아이보다 소음에 민감하고 주변 시야가 넓으며

어둠 속에서도 더 잘 볼 수 있다.

- 남자아이는 밝은 빛 아래에서는 더 잘 볼 수 있고 집중했을 때는 균형감각과 관찰력이 훨씬 뛰어나다.

- 여자아이는 일반적으로 언어와 시각적인 미묘한 차이점을 더 잘 이해한다.

- 남자아이는 청소년기에 접어들어 성장이 가속화되면 이도ear canals 에 영향을 미친다. 이도가 늘어나고 얇아져 막히게 되면 일정 기간 청력이 감소하기도 한다.

남자와 여자는 두뇌에서도 차이점을 보인다. 일반적인 남자의 두뇌는 여자의 두뇌보다 훨씬 더 독특해서 단어와 시공간 인지력, 감정에 대한 기능이 두뇌의 한쪽 면에만 몰려 있다. 여자 두뇌는 이러한 기능이 두뇌의 양쪽 면에 분산되어 있으며 좌뇌와 우뇌를 이어주는 연결선이 남자보다 두텁다.

남자아이와 여자아이는 호르몬도 다르다

흔히 사춘기 남자아이 행동의 원인이 된다는 호르몬 테스토스테론testosterone은 어떨까? 테스토스테론은 임신 6주차 즈음에 태아의 신체 내부에서 만들어지기 시작한다. 이 호르몬은 남자의 성기관의 발달을 자극하며 신경 연결 통로에 대한 청사진을 만든다. 그리고 나중에 테스토스테론의 분비가 많아질 때 반응하도록 두뇌를 프로그래밍한다. 일단 고환이 형성되면 테스토스테론이 추가로 생성되며 아이가 태어날 무렵에는 열두 살 아이 수준의 테스토스테론이 온몸에 흘러넘친다. 출생 후 몇 개월이 지나면 테스토스테론 분비량이 줄어들기 시작하고 젖먹이 시절과 유년기를 지나면서 여자아이와 비슷한 수준이 된다.

남자아이가 네 살이 되면 다시 테스토스테론이 분출하기 시작해 신체적인 활동과 모험, 거친 놀이에 더 많은 관심을 기울인다. 다섯 살이 되면 테스토스테론은 다시 그 양이 줄어들고 이후 몇 년 동안은 남자와 여자아이의 호르몬 수치가 거의 비슷해진다. 남자아이의 테스토스테론 분비량은 열한 살과 열세 살 사이에 급상승하는데 이 때문에 갑작스러운 성장이 일어나고 이런 변화에 발맞추기 위해 신경계의 '재배치'가 일어난다. 몸 안에서 발생하는 재배치 프로그램의 결과로 이 시기 아이는 둔해지고 산만해지거나 게을러진다.

테스토스테론의 분비량이 최고조에 도달하는 시기는 대략 열네 살 무렵이다. 이때는 신체의 근육량이 늘어나며 변성기가 오고 강렬한 성적 충동이 일어난다. 잠시도 가만있지 못하며 한계에 도전하려고도 한다. 이는 또한 두뇌 기능에도 영향을 미친다. IQ 테스트를 해보면 열네 살과 열여섯 살 사이의 남자아이는 쓰기와 말하기에서 또래 여자아이를 따라잡으며 수학적 능력에서는 훨씬 앞서 나간다. 물론 이러한 능력은 다양한 다른 요소에 의해 영향을 받으며 특히 학교에서의 관계가 큰 영향을 미친다.

연구에 따르면 인간이든 동물이든 테스토스테론으로 인해 활기가 늘어난다. 거친 행동이나 위험을 두려워하지 않는 맹목적인 모습, 자신감과 독립심, 그리고 타인에 대한 경쟁심과 무리를 짓고 계급을 구분지으려는 의지도 함께 나타난다.

남자아이가 세상을 바라보는
관점을 이해하라

많은 아이들이 자신의 말에 귀 기울여주는 어른은 하나도 없다고 말한다. 어른들은 아이가 누구이며 무엇을 말하려고 하는지에 전혀 관심이 없고 그저 통제하려고만 한다고 말이다. 귀를 기울이는 모습을 보여주는 건, 그 사람을 존중한다는 걸 표현하는 가장 효과적인 방법이다. 이해란 동의도 승인도 아닌, 그저 상대방을 알고자 하는 마음이다. 누군가 자신의 말을 주의 깊게 듣는다고 느끼면 아이는 기꺼이 존중의 마음으로 협력할 것이다.

누군가를 이해하는 데 필요한 것은 오직 진실한 한 두 마디의 말뿐이다. 때로 어른이 말을 적게 할수록 아이는 더 마음을 열고 제 생각을 펼쳐 보인다. 다음에 나오는 예는 상대방을 이해하는 몇 마디 말이 어떻게 일곱 살짜리 아이를 도와주는지 보여준다. 어른이 별다른 행동을 취하지 않고서도 말이다.

아이	"쌤이 나를 때렸어요!"
어른	"그런 일이 있었구나."
아이	"나는 그냥 지난주에 배웠던 태권도 동작을 보여주었을 뿐인데 그 자식이 갑자기 나를 때렸다고요!"
어른	"아니 이런!"
아이	"아마 내가 자기를 먼저 때린 거로 생각했나 봐요."
어른	"흠."
아이	"그러면 쌤에게 가서 나는 그저 동작만 보여주려고 했고 주먹질이나 발길질을 할 생각이 아니었다고 말할래요."
어른	"그게 좋겠구나."

남자아이의 관점을 이해하는 또 다른 방법은 아이가 말하는 것을 있는 그대로 듣고 받아들이는 것이다. 스티븐이라는 아이가 수학 숙제와 씨름을 하다가 부모에게 소리를 질렀다.

아이	"도대체 뭐가 뭔지 하나도 모르겠어요!"
어른	"스티븐, 뭐가 뭔지 하나도 모르겠구나. 어떻게 된 건지 처음부터 한번 확인해보자꾸나."

아이가 어떻게 느끼고 있는지 알아차리는 능력도 중요하다.

아이　"재미가 하나도 없어요. 이런 곳에서는 할 수 있는 게 하나도 없다고요!"

어른　"그게 재미가 없다면 지금 모든 게 다 재미없다는 뜻이 아닐까."

많은 여자와 일부 남자 어른까지도 남자아이의 질문은 이해하기 어렵고 그들의 관심거리는 받아들이기 힘들다고 생각한다. 이유는 단순하다. 자신의 어린 시절과 다르거나 자신이 생각하는 가치와 어울리지 않기 때문이다. 여자들은 남자아이의 넘치는 에너지와 폭력에 대한 관심을 받아들이기 힘들어한다. 어떤 아버지는 아이가 춤에 관심을 가지는 일을 받아들이기 어려웠다고 고백했다. 럭비를 광적으로 좋아하는 또 다른 아버지는 축구에 대한 아이의 열정을 이해하지 못했다. 심지어 어린 시절 자신과 똑 닮은 남자아이를 키우는 아버지도 자신의 어린 시절을 기억하지 못했다. 그냥 어렸을 때 자기가 보았던 아버지의 모습 그대로, 아버지의 말과 생각과 행동을 되풀이했다. 할아버지는 클래식 음악을, 아버지는 로큰롤을 들으며 자랐고 그 손자는 힙합 음악을 좋아하지만, 어느 세대의 아버지건 아들이 음악을 들으면 똑같이 반응한다. "그 시끄러운 걸 당장 끄지 못해!"

어른이 아이의 관점을 이해하거나 동의하지 못할 수도 있다. 그렇지만 중요한 건, 어른이라면 아이의 관점을 실제적이고 타당한 것으로 받아들여야 한다는 것이다. 그래야만 아이는 자신이 정당하다고 느끼고 세상을 긍정적으로 바라보게 된다. 우리가 아이의 눈으로 보이는 세상을 함께 바라볼 때 놀라울 정도로 긍정적인 반응을 얻을 수 있을 것이다.

한 여자가 자기 집 마당에서 이웃집 형제들이 숨바꼭질하고 있는 것을 보았다. 여자는 아이에게 다가가 말했다.

"숨바꼭질하기 좋은 곳이구나. 그렇지만 여기는 우리 집이야. 그러니 저쪽에 더 좋은 장소에 가서 숨는 게 어떻겠니?"

아이들은 그녀의 권유에 그대로 따랐다.

한 남자가 인도를 걸어가다가 곡예용 자전거를 타고 있는 남자 아이를 보았다. 아이가 자전거로 우유병을 뛰어넘고는 병이 인도 위로 굴러가는 걸 내버려두고 자리를 떠나려 했다.

"잠깐만 얘들아."

두 번째 불렀을 때야 아이는 뒤를 돌아보았고 남자는 말했다.

"아까 그 병 뛰어넘는 재주는 정말 인상 깊었다. 그런데 다른 사람이 그 병에 걸려 넘어지는 걸 보고 싶지는 않구나. 우유병을 원래 자리로 갖다 놓는 게 어떨까?"

"아, 죄송합니다!"

아이는 이렇게 말하더니 병을 원래 있던 집 앞에 가져다 놓았다.

아이의 입장에 귀를 기울이면 다른 관점으로 상황을 보는 데 도움이 된다. 5인제 실내 축구 클럽이 인기를 끌자 많은 남자아이가 축구경기를 하려고 모여들었다. 아이들의 넘쳐흐르는 에너지는 소란스러움과 난폭한 행동으로 나타났다. 경기장 밖에서 큰 아이는 작은 아이를 쫓아다니며 괴롭히기 바빴고 경기장 안에서는 다른 선수에 대한 배려 없이 거친 경기가 이어졌다. 축구클럽의 코치는 경기를 이끌어나가기 위해 엄격하게 심판을 봐야 했고 더는 아이들을 신뢰할 수 없게 되었다. 코치는 아이를 통제하는데 에너지를 쓰느라 클럽을 이끌어가는 게 즐겁지 않았다.

코치는 몇몇 아이의 의견을 들어보기로 했다. 큰 아이들은 좀 더 오래 축구를 하고 싶고 자기들 차례를 기다리는 게 싫다고 했다. 작은 아이들은 큰 아이들이 너무 거칠어서 경기를 따로 하고 싶다고 했다. 코치는 이 의견을 진지하게 받아들였다. 팀을 나이별로 나누어 일주일에 두 번 운영하는 방식으로 바꾸었다. 아이들은 더 얌전해졌고 책임감도 강해졌다. 코치는 아이들을 통제하기보다 기술을 가르치는 데 집중하게 되었고 처음 가졌던 열정도 되살아났다.

이런 어른들은 아이의 눈높이에서 세상을 바라보며 아이의 즐거움을 깨뜨리지 않는다. 아이는 자기가 잘못이 없다고 생각할지도 모르지만 숨바꼭질하는 아이는 옆집을 무단 침입한 것이고, 자전거를 타던 아이는 거리를 어지럽히는 골칫거리일 수도 있다. 남자아이들이 모여 있으면 사고를 칠 거라 생각하기 쉽고 실제로 안 좋은 일이 일어나기도 한다. 그렇지만 이러한 편견으로 아이를 바라보면 없던 문제도 일어나게 된다. 아이를 이해하고 배려해주지 않으면 아이는 어디로 튈지 모르는 공이 되어 거칠게 돌변할 수도 있다. 혹여 마찰이 생길까 두려워 무조건 피한다면 아이는 점점 더 고립될 것이다. 세상을 바라보는 아이의 관점을 알아차린다면 이 모든 일을 넘기는 게 훨씬 쉬워진다.

아이를 이해하는 건 먼 길을 돌아가는 것과 같다. 아이가 비합리적으로 행동하는 것처럼 보일 때는 더욱 그렇다.

공원에서 음악 축제를 개최하기로 했고 이날 하루는 스케이트보드장을 폐쇄한다는 공지가 몇 주간 나붙었다. 대부분 아이는 축제가 있다는 사실에 기뻐했지만 평소에 스케이트보드나 곡예용 자전거를 타는 아이들은 기분이 좋지 않았다. 그들은 공원 바깥에 모여 자신들이 이용하는 시설이 사용 금지가 된 것을 불평했다. 이럴 때 어른은 "도대체 무엇 때문에 그렇게 불만인지 모르겠다. 1년 365일 중에 겨우 하루 아니니? 충분히 공지도 했고. 이렇게 공원이 있고 음악 축제가 열리는 곳에 사는 게 행운이라는 생각은 왜 하지 않지?"라며 질책하지 말고 아이의 마음을 읽어주며 가야할 방향을 일러준다.

"종일 공원을 이용하지 못해서 정말 화가 났구나. 그게 큰 문제라는 사실을 알아차린 사람이 없었나 보다. 내년에 다시 축제할 때는 미리 찾아가 얘기해볼래? 네가 어떻게 생각하고, 어떻게 하면 일을 더 나은 방향으로 처리할 수 있는지 도움을 주었으면 한다."

악당에 관심을 보이는 아이들

아이의 입장에서 이야기해보자. 아이가 '어두운 구석'에 흥미를 느낄 때에도 그렇다. 많은 남자아이가 나이가 들수록 어둠의 세계에 있는 인물에 관심을 가진다. 건실한 사람은 어딘지 모르게 비굴하고 평범하지만 악당은 좀 더 짜릿하고 야성적으로 보이는 거다. 그렇지만 어른들은 이런 아이를 이해할 수 없고 걱정스럽기도 하다. 아이가 배트맨이나 스파이더맨, 로빈 후드나 운동선수를 동경하는 게 자연스럽다고 여길수록 악당놀이가 불편해진다. 특히 섬뜩하거나 폭력적인 행동이 포함되어 있으면 더욱 그렇다. 아이가 나중에 사회에 반항하는 사람을 동경할 때도 같은 기분일 것이다.

그렇지만 이런 과정은 필연적이다. 그러므로 될 수 있으면 어린 시절 상대적으로 안전한 분위기에서 통과하는 게 좋다. 시간이

지나면 아이는 자연스레 어두운 모습에서 빠져나와 밝게 성장하고 이때의 경험은 마음속 규칙을 키워나가는 데 도움을 준다. 만약 어른이 마음을 열고 이런 모습을 이해해준다면 대화를 통해 행동의 경계선을 정할 수 있다. 무조건 반대하거나 꾸짖으면 아이는 어쩔 수 없이 몰래 하게 될 것이다. 혹은 하지 못한 것에 대한 궁금증을 마음속 깊이 품고 있다가 언젠가 폭발할지도 모른다. 아이가 '어두운 구석'에 흥미를 느낀다 해도 과도한 걱정은 금물! 항상 눈과 귀를 열어놓고 소통의 채널을 열어두면 된다. 아이의 대답을 듣고 그 생각을 이해해주는 게 중요하다. 비록 거기에 동의할 수 없다고 해도 말이다.

화내지 않고 아이를 인정하는 한마디

아이가 기계를 분해하거나 주방의 모든 재료를 뒤섞어 이상한 것을 만들 때, 사람을 상대로 장난을 치거나 불장난을 할 때, 어른들은 이런 행동을 파괴적이고 위험하며 반사회적이라고 생각한다. 하지만 진짜 문제는 이런 일이 벌어진 시간과 장소이다.

✕ "아주 잘한 짓이다. 그래, 몽땅 다 망쳐놨구나!"

○ "뭔가 해보려다 그렇게 된 것 같구나. 다시 정리하려면 꽤 힘이 들 것 같은데 좀 도와줄까?"

✕ "도대체 무슨 짓을 하려고 한 거니? 지금 이 주방 꼴을 한번 보렴! 물어보지도 않고 어떻게 이 모든 걸 다 뒤섞어 놓을 수 있단 말이야!"

○ "후! 여기서 무슨 대단한 실험이라도 벌인 것처럼 보이네! 자, 그럼 이제 기본적인 규칙 몇 가지가 필요하구나. 저기 놓여 있는 것들은 언제든 마음대로 사용해도 되지만 이쪽에 있는 건 절대로 손을 대서는 안 돼. 냉장고에 들어 있는 것 중에서는 뭘 써도 괜찮은지 한번 살펴보자. 꼭 기억해야 하는 규칙은 무슨 일을 하든 끝난 뒤에는 주방을 깨끗하게 정리하는 거야. 이제 잘 알겠지? 나중에 검사할 거야!"

✗ "존스 씨한테 들었는데 너랑 네 친구가 공터에서 불장난을 한 걸 봤다는구나. 불장난은 위험한 짓이야. 도대체 왜 그런 멍청한 짓을 한 거니?".

○ "존스 씨한테 들었는데 너랑 네 친구가 공터에서 불장난하는 걸 봤다는구나. 불장난이 재미있기는 하지. 그렇지만 그런 곳에서 불을 붙이면 안 돼. 마당에 만들어 놓은 구덩이에 가서 하면 다른 사람들을 놀라게 하지 않고 불을 가지고 놀 수 있을 거다."

✗ "사람 놀리고 도망가는 건 하나도 재미없는 일이야! 나이 든 할머니를 그렇게 놀리다니. 다음번에 또 이런 일이 있으면 경찰서에 가게 될 줄 알아!"

○ "그게 재미있는 일일 수도 있지. 남의 집 초인종을 누르고 도망가는 것 말이야. 그렇지만 그 할머니 입장에서 한번 생각해보렴. 관절염이 있는 그 할머니는 문 앞까지 나오는 일만으로도 힘들어하셔. 그런데 문을 열고 보니 아무도 없다면 얼마나 화가 나겠니! 가서 할머니께 사과를 드렸으면 좋겠구나. 혼자서 갈래 아니면 같이 가줄까?"

아이의 입장에 서는 또 다른 방법은 아이에게 물어보는 것이다.

학교에 가기 싫다고 말하는 아이에게

"오늘 나쁜 일이 있었나 보네. 무슨 일이 있었던 거니?"

뜻 모를 유행가를 흥얼거리는 아이에게

"나는 그 노래가 무슨 뜻인지 잘 모르겠구나. 그게 무슨 내용의 노래지?"

아이의 설명을 듣고 난 후에는

"그러면 넌 어떻게 생각하니?"

꾸중을 들을 때마다 화를 참지 못하는 한 남자아이가 있었다. 혹시 예전에 부당한 대우를 받은 적이 있나 의심이 들었다.

아이를 꾸중한 뒤에는 이렇게 물어보자

"지금 내가 이 일을 공정하게 처리했다고 생각하니?"

계속해서 규칙을 지키지 않는 아이에게

"혹시 이 규칙이 이해가 안 가니?"

제시라는 아이가 자신에 팀에 뽑히지 못했다는 소식을 전해 듣고는 만나는 사람마다 퉁명스럽게 대했다.

✗ "팀에 뽑히지 못했다고 다른 사람들에게 그렇게 대하면 안 되는 거야!"

○ "(개인적으로 조용하게) 팀에 뽑히지 못해서 화가 났니?"

해야 하는 숙제에 별다른 관심을 보이지 않는 아이가 있다. 부모는 아이를 격려해보려 하지만 아이는 그냥 지겹다고만 한다.

✗ "네가 숙제를 지겹다고 생각하니까 그렇게 보이는 거지!"

O "무엇 때문에 숙제가 지겹게 생각되지? 너무 어렵니/너무 쉽니/쓰는 양이 너무 많니/그냥 그 내용에 전혀 관심이 없는 거야?"

(만일 아이에게 별다른 선택의 기회를 주지 않고 그냥 왜 지겨운지만 물어보면 아이는 별다른 대답을 할 수 없을 것이다.)

여섯 살의 제이슨이 소파에 얌전히 앉아있는 동생 제인을 자리에서 밀어내자 제인은 큰소리로 아빠에게 이 사실을 알렸다. 제이슨은 제인이 앉아있는 자리가 자기 자리라고 주장했다.

X "제이슨, 엉뚱한 이야기 하지 마라. 제인은 네 자리에 앉아있는 것이 아니야."

O "제이슨, 제인이 네가 앉고 싶어 하는 자리에 앉아있구나. 뭔가 필요한 게 있으면 부탁을 해야지. 그렇게 밀치거나 힘으로 뺏으면 안 되는 거란다."

남자아이는
남자 어른의 인정이 필요하다

남자아이는 칭찬을 듣고 싶어한다. 대체로 남자아이가 가장 먼저 칭찬을 듣고 싶은 사람은 바로 아버지다. 아이에게 아버지란, 남자가 되는 법을 가르쳐 줄 첫 번째 사람이다. 아버지에게 칭찬을 듣고 아버지가 자신을 자랑스러워한다면 아이는 남자의 세계에 들어갈 허락을 받았다고 느낀다.

아버지가 없거나 아버지가 가족과 그리 다정한 관계가 아니면 아이는 거의 칭찬을 듣지 못하고 자란다. 어쩌면 아버지가 아들에게 너무 엄격해 늘 아이의 단점만 지적할 수도 있다. 그 아버지 또한 자신의 아버지에게 어떤 칭찬도 들어보지 못했을 수도 있다. 아들은 자식으로서 그리고 한 남자로서 아버지에게 인정받기를 간절히 고대하지만, 아버지가 돌아가시고 나서야 그 사실을 알게 되는 경우도 흔하다.

만일 어떤 아이가 아버지에게 칭찬받지 못한다면 그 아이는 다른 성인 남자로부터 비슷한 칭찬을 기대한다. 예컨대 삼촌이나 나이 차이가 나는 형, 선생님이나 이웃 어른 등이다. 아이는 한 명의 '젊은 남자'로 인정받기를 원하며 자신을 인정해주는 남자들 사이에서 되고 싶은 역할 모델을 선택한다.

아이의 긍정적인 자질을 크게 칭찬한다

이혼율과 함께 한부모 가정과 의부가정도 늘면서 남자아이에게 아버지 역할을 하는 사람과 긍정적인 성인 남자의 모델이 더욱 중요하게 되었다. 영국의 탑 맨Top Men에서 실시한 아이 기르기 관련 설문 분석에 따르면 천여 명의 10대 청소년을 조사한 결과, 아버지나 아버지 역할을 하는 남자와의 관계가 아이의 자부심에 중대한 영향을 미친다고 한다. 놀라운 점은 그들이 실제 함께 사는지 아닌지는 크게 중요하지 않았다는 것이다.

이 연구는 아버지와 함께 사느냐 그렇지 않으냐보다 아버지 노릇을 얼마나 잘하느냐가 더 중요하다는 것을 알려준다. 어떤 아버지는 같이 살지만 감정적으로 관계를 맺지 않는다. '집에는 있으나 나와는 상관없는 사람' 혹은 '가족 모임에만 나타나는 낯선 사람'인 것이다.

만일 남자아이가 성인 남자로부터 어떠한 인정도 승인도 받지 못한다면 그 아이는 어쩔 수 없이 나이 든 형이나 또래를 찾아간다. 이렇게 미숙한 이들에게 배우는 삶의 가치가 바로 위험스럽기 짝이 없는 패거리 문화가 된다. 긍정적이고 강한 역할 모델이 있는 아이라면 또래 패거리와 어울려도 상대적으로 상처를 덜 받고 쉽게 빠져나올 수 있다. 그렇지만 긍정적인 역할 모델이 없는 아이는 패거리의 영향을 훨씬 더 많이 받는다.

남자아이는 여자에게도 인정받기를 원한다. 여자아이가 남자아이의 재치나 유머 감각, 용기와 능력, 감수성이나 섬세함을 먼저 알아채기도 한다. '멋진 퀸카' 여자아이가 남자아이의 터무니없는 이야기나 특이한 행동에 매료되는 모습을 한 번쯤은 본적이 있을 것이다. 여자의 인정은 남자아이의 남성성을 확인해주고 성숙하다는 확신을 준다.

남자아이에게 칭찬거리를 찾아내서 남자다운 모습을 인정해주자.

"팀, 이발 한번 멋지게 했구나."

"어서 빨리, 잭. 어떻게 했는지 다시 보여줘!"

"정말 재미있네!"

"정말이지 넌 컴퓨터를 잘 알고 있구나."

"그것참 용기 있는 행동이다."

"도대체 어떻게 그렇게 할 수 있지?"

"정말 장하구나!"

아이가 미처 깨닫지 못한 자질도 칭찬해줄 수 있다

"일주일 내내 롤러 블레이드를 연습해서 잘 타게 되었구나."

"여동생이 학교 가는 첫날에 잘 돌봐주어서 고맙구나."

"학교 숙제도 열심히 하고 친구들과 잘 지내다니, 책임감 있는 모습을 보니 참 뿌듯하다."

"유리창 깨트린 일을 정직하게 말하다니, 덕분에 화내는 일 없이 잘 정리할 수 있을 것 같다."

생일축하 카드는 아이를 칭찬할 좋은 기회이다. 그렇다면 일 년 중 어느 때라도 카드나 편지를 써보자. 한 장의 카드에 소중히 읽고 간직할만한 이야기를 담을 수 있다. 부모라면 이따금 아들이 자는 머리맡에 칭찬하는 글을 써서 남길 수도 있다. 어려운 시간을 견딘 후에 받는 긍정적인 칭찬의 글은 어려움을 헤쳐나가도록 도와준다.

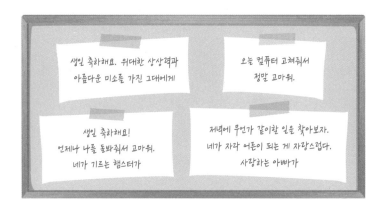

남자아이의
있는 그대로를 받아들인다

한 무리의 남자아이가 이웃집에서 축구를 하고 있었다. 아이들 나이는 여덟 살에서 열 살 정도. 그때 한 여자가 나와서 아이들에게 말했다.

"안녕 애들아. 아주 축구를 잘하는구나. 그런데 그러다가 축구공이 차 쪽으로 날아갈 것 같네. 시끄럽기도 하고. 당장 공원으로 가거라."

이럴 경우 학교 아이들의 반응은 어떨까? 교사들에게 물어보았다. 대답은 거의 같았다. 아이들은 크게 불만 섞인 목소리로 때로는 욕설까지 섞어가며 대꾸한다는 것이다. 예의는 물론 어떤 공감대도 기대하기 어렵다고 말한다. 만일 당신에게 이웃 어른이 이렇게 말했다면 어떨까? 말만 그럴싸하고 자신을 존중하지 않는 걸 알아차리고 더욱 화를 내지는 않을까?

많은 아이가 공손한 태도는 공손할 가치가 있는 사람에게만 보여야 한다고 생각한다. 이럴 때 해결방법은 없다. 어른이 아이를 존중하지 않는 건 아이가 별반 존중받을 가치가 없다고 생각하기 때문이고, 아이가 어른에게 공손하지 않은 건 그 어른이 공손히 대할만한 대상이 아니라고 생각하기 때문이다. 만약 아이에게 공손한 태도를 원한다면 다음과 같은 방법을 써보자.

아이는 존중받는다고 느낄 때 놀랍도록 공손해진다

한 남자가 극장에서 남자아이 몇 명에게 조용히 좀 해달라고 했다. 영화가 끝나고 남자는 아이에게 가서 고맙다고 말했다. 아이들은 놀라서 입을 딱 벌렸다. 꾸짖는 말에는 익숙했지만 감사의 말은 예상 못 한 것이었다.

어느 교사가 남자아이에게 잘못을 지적하며 호통을 쳤다. 화가 난 아이는 자신이 아무 짓도 하지 않았다며 반항했다. 그제야 교사는 잘못 짚었다는 사실을 깨닫고는 실수를 사과했다. 아이는 사과를 받아들였고 그 일로 교사가 얻은 존경심은 그 후로도 몇 년 동안 유지되었다.

한 여자가 주차장에서 아이들이 스케이트보드를 타고 지나가는 것을 보고는 물었다.

"너희 여기 CCTV가 있다는 사실을 알고 있니?"

"그거 고장 났어요."

아이들이 아무렇지도 않게 대꾸했다. 가장 나이가 들어 보이는 아이가 펄쩍 몸을 솟구치더니 기둥에 붙어있는 금속 표지판을 잡아당겼다.

"개인적으로는 너희가 이곳에서 스케이트보드를 타는 거 상관없어. 그렇지만 주차된 차에 상처라도 나면 그건 좋지 않겠지."

나이 든 아이는 아랑곳하지 않고 계속 표지판을 잡아당겼다. 그때 더 어려 보이는 아이가 그를 말렸다.

"톰, 그러지 말라잖아."

아이는 내키지 않는 듯하던 짓을 멈췄다. 이를 본 여자가 말했다.

"고맙구나. 그럼 스케이트보드 재미있게 타렴."

아이들은 궁지에 몰리기를 무척 싫어하고 종종 반항한다. 심지어 자신들이 잘못했다는 것을 알면서도 그런다.

남자란 대형 트럭과 같아 많은 일을 할 수 있지만 방향을 바꾸려면 꽤 노력이 필요하다. 거칠게 남자아이를 다루면 종종 아이의 반항심만 커진다. 반면에 부드럽게 접근하면 더 긍정적인 반응을 이끌어낸다. 아이의 자존심이 상하지 않게 빠져나갈 길을 열어주는 것도 좋다.

　남자아이에게는 "그렇게 해달라"가 아닌 "그렇게 해줄 수 있을까?"라는 말을 사용해보자.《화성에서 온 남자, 금성에서 온 여자 Men Are from Mars Women Are from Venus》에서 저자 존 그레이는 남자란 종종 '그렇게 해달라'는 말을 부탁이 아닌 명령처럼 생각한다고 말한다. 그러니 누군가에게 무엇인가를 부탁할 때는 '해달라'고 말하지 말고 '해줄 수 있을까?'라는 말이 종종 더 효과적이다. 결국 존중이란 내가 대우받고 싶은 만큼 다른 사람을 대접하는 것이다.

소리치지 않고 아이를 존중하는 한마디

✗ 다른 사람들 앞에서 모욕을 주지 말고

○ (속삭이며) "내가 그걸 봤는데"

✗ 특별한 행동 지침을 강요하지 말고

○ (선택권을 준다) "네가 직접 그걸 고칠래, 아니면 돈을 주고 다른 사람을 시킬까?"

✗ 상황을 주도하거나 너무 진지하게 접근하지 말고

○ (유머를 섞어라) "다음에 신발에 흙이 묻은 채로 집안으로 들어오는 사람은 그대로 마당에 있는 거름 구덩이로 직행하기!"

아이를 존중한다는 건 불량스러운 태도를 참고 넘기라는 말이 아니다. 오히려 예의를 지키며 잘못된 행동을 알려주는 것이다.

✗ "어떻게 감히 우리 애들 앞에서 그런 말을 할 수가 있는 거냐!"

○ "우리 애들은 그런 말을 듣기에는 아직 어리구나. 그리고 솔직히 말하면 나도 듣기 싫고. 우리가 있는 곳에서만이라도 그런 말은 쓰지 않았으면 좋겠는데. 그렇게 해줄 수 있을까?"

남자아이는
~하다는 편견을 버려라

사람은 모두 각자의 가치관이 있다. 아이는 사랑하고 존경하는 어른으로부터 가치관을 배우고 특히 그들의 행동과 말을 통해 무엇이 중요한지 분명하게 알아차린다.

아이가 환경을 아끼고 쓰레기를 함부로 버리지 않기를 바란다면 "쓰레기는 쓰레기통에 버리렴. 자리를 떠날 때는 원래 있던 대로 해놔야 해." 하고 말하거나, "저기 다른 사람이 버리고 간 쓰레기를 보렴. 정말 흉하지 않니. 우리가 가서 치우자꾸나." 혹은 '남기는 것은 발자국만, 가져가는 것은 사진만'이라고 쓰여있는 안내문을 큰소리로 읽어주면서 의도를 분명히 보여준다.

아이가 다른 사람에게 친절하기를 바란다면 외로워 보이는 아이에게 말을 걸어보라고 격려한다. 아이가 도와주었을 때 꼬박꼬박 고맙다고 말하는 방법도 있다. 이런 생활 속 예를 통해 아이는 부모의 가치관을 배우고 행동으로 옮기게 된다.

우리가 표현하고 말하는 것을 통해 가치관은 전달된다. 아이는 어른의 말과 행동으로 배운다. 부모의 인정 넘치는 모습으로 사랑을 배우고 공손한 모습으로 존중을 이해한다. 주변의 어른이 서로 예의를 지킨다면 아이도 자연스럽게 예의범절을 익히게 될 것이다.

가치관이란 가르치는 게 아니라 습득하는 것이다

남자는 여자를 존중하는 법을 행동과 말을 통해 보여준다. 여자 또한 남자 어른을 존중하는 것을 가르치는 데 중요한 역할을 한다. 만일 엄마가 아빠와 다른 남자 어른을 애정과 존중으로 대한다면 그 모습은 그대로 아이의 가치관으로 형성된다. 만약 엄마가 아빠를 무시하면 아이는 남자 어른, 특히 아빠를 더 무시하게 된다. 남자아이는 결국 남자 어른으로 자라나기에 이러한 모습은 분명 문제가 된다.

우리는 지향하는 가치관에 맞게 행동해야 한다. 만약 어른의 말과 행동이 일치하지 않는다면, 아이는 혼란스러워지고 나아가 이런 행동을 따라 하게 될 것이다.

폴이 여섯 살일 때 그의 아빠는 쓰레기 처리 비용을 내지 않으려고 쓰레기를 길가에 갖다 버리면서 말했다.

"이 정도는 괜찮아. 다들 그렇게 하니까 말이야."

폴이 여덟 살 때 가족들이 모여 세금을 탈세할 방법을 의논하는 모습을 보게 되었다. 삼촌이 말했다.

"얘들아, 걱정하지 마라. 다들 이렇게 하니까 말이야."

폴이 열한 살이 되자 이모가 폴과 폴의 누나를 데리고 중국음식점에 갔다. 그 음식점은 열한 살 미만의 아이는 돈을 내지 않는 곳이었다. 이모는 종업원에게 두 아이 모두 열한 살 아래라고 하며 말했다.

"괜찮아. 다들 이렇게 하니까."

폴이 열두 살 때 학교 가는 길에 쓰고 있던 안경을 깨트리고 말았다. 엄마는 보험회사로 가 안경을 도둑맞았다고 신고하고 보험금으로 50파운드를 보상받으며 말했다.

"괜찮아. 모두 다 그렇게 하니까."

폴이 열다섯 살이 되자 럭비팀에 들어갔고 코치는 심판에게 들키지 않고 교묘하게 상대편 선수를 공격하는 법을 가르쳐주며 말했다.

"괜찮아. 다들 그렇게 하니까."

폴이 열여섯 살이 되자 그는 시장에서 일하게 되었고 가게주인이 사람들에게 썩은 토마토와 멀쩡한 토마토를 섞어서 파는 모습을 보게 되었다. 그때 가게주인이 말했다.

"괜찮아. 다들 그렇게 해."

대학에 진학한 폴은 공부를 그다지 잘하지 못했고 누군가 시험 문제를 빼돌려서 10파운드에 파는 것을 보고 문제지를 샀다. 왜냐하면 다른 학생들도 다들 그렇게 했으니까. 폴은 부정행위로 적발되었고 정학 처분을 받고 집으로 돌아오자 아버지가 말했다.

"어떻게 그럴 수 있단 말이냐! 내가 집에서 널 그렇게 가르쳤단 말이냐!"

비웃지 않고 아들의 명예를 지켜준다

명예란 말이 구식처럼 느껴지지만, 남자아이에게 매우 중요한 문제이다. 명예는 대다수 아이가 흥미를 느끼는 선과 악의 주제이기도 하다. 예컨대《아서왕 이야기King Arthur and His Knights》,《로빈 후드Robin Hood》,《해리 포터Harry Potter》,《반지의 제왕The Lord of The Rings》,《그리스 신화Greek Mythology》그리고《나니아 연대기The Chronicles of Narnia》같은 이야기들 말이다.

아이가 제멋대로 행동하도록 내버려 둔다면 아이는 자신만의 '명예의 법칙honour code'을 만들어낸다. 여기에는 친구를 고자질하지 않는다거나 자신에게 나쁘게 대한 사람에게 보복한다는 내용이 포함되기도 한다.

명예라는 개념은 남자아이의 가치관을 정립하는 데 큰 영향을

미친다. 한 어린이 축구팀의 코치는 승자와 패자의 태도에 관해
이야기를 나누고 축구팀의 행동 강령을 정리했다.

■ 축구팀 행동 강령

승자의 태도

1. 훈련과 경기에 일찍 도착한다.
2. 코치나 팀 동료의 말에 귀를 기울인다.
3. 공정하고 안전하게 훈련한다.
4. 지더라도 정직하게 행동한다.
5. 정직하게 승리를 거둔다.
6. 경기가 끝나면 상대편 팀과 악수를 한다.
7. 훈련 동안 질문을 열심히 한다.
8. 경기 전에는 숙면을 취한다.

패자의 태도

1. 언제나 지각한다.
2. 코치의 말에 귀를 기울이지 않고 뒷말이 많다.
3. 훈련이나 경기를 할 때 행동이 거칠다.
4. 경기에서 패하면 화를 내거나 기분 나빠한다.
5. 경기에서 승리하면 지나치게 우쭐댄다.
6. 경기가 끝난 뒤 상대방 팀을 무시한다.
7. 자신이 모든 것을 다 알고 있다고 생각한다.
8. 훈련이나 경기 중 감정적인 모습을 보인다.

세상에 대한 아이의 관점을 이해한다.

- 아이의 시선으로 세상을 바라보도록 노력한다.

- 아이에게는 흥미와 유머, 용기, 그리고 정의가 필요하다.

- 아이의 감정과 생각에 동감한다.

- 동의하지 않을지라도 아이의 관점을 이해한다.

아이의 긍정적인 자질을 크게 칭찬한다.

- 아이에게서 칭찬할만한 자질을 찾아내 아이에게 이야기해준다.

- 아이가 스스로 알아차리지 못한 자질을 칭찬해준다.

아이를 존중한다.

- 어른은 자신을 본보기로 존중을 가르친다.

- 아이를 골칫거리가 아닌 사람으로 대한다.

- 아이가 명예롭게 빠져나갈 여지를 준다.

어른은 말하고 행동하며 자신의 가치관을 드러낸다.

- 가치관에 대해 좀 더 분명하게 설명한다.

- 아이가 커갈수록 가치관에 대해 함께 이야기를 나눈다.

- 남자아이와 관계를 맺는 데 특별히 곤란한 점이 있는가?(먼저 일반적인 아이, 그리고 특별한 관계의 아이에 대해 대답해보자.)
- 아이의 모습에 공감하기 위해 어떤 말이나 행동을 할 수 있을까?(혹은 하지 말아야 할 말이나 행동은?)
- 아이를 칭찬할 것이 있는지 생각해보자. 칭찬하기 위해서 어떤 말이나 행동을 할 수 있을까?
- 아이가 어른에게 부당한 대우를 받는다고 느낄 때, 배경을 생각해보자.
- 정확하게 어떤 경우에 아이가 그렇게 생각할까?
- 어른이라면 어떻게 해야 다르게 행동할 수 있을까?
- 아이가 가져야 할 중요한 가치관은 무엇일까?
- 어떻게 하면 그러한 가치관을 보여줄 수 있을까?
- 아이와 가치관에 관해 이야기를 나눌 때 어떻게 하면 딱딱한 수업처럼 느끼지 않게 할 수 있을까?

의사소통방식은 목소리와 억양, 몸짓으로 결정된다. 따라서 자신만의 방식을 아는 게 중요하다. 다음의 연습문제를 통해 특별한 상황에서 서로 이해하는 방법을 알아보자.

각기 다른 목소리의 크기와 억양으로 다음 문장들을 한번 말해보

자. 다시 한번 상대방이 남자아이라고 상상하고 말해보자. 진실하고 존중하는 태도로 말할 수 있는가? 억양과 표정, 몸짓으로 어떤 추가적인, 특별히 부정적인 의미를 전달하는가?

- 내가 안 된다고 말했지.
- 부탁이니 하던 일을 그만하고 이리로 오렴.
- 이제 잘 시간이다.
- 지금 어디로 가고 있니?
- 다른 아이를 때리지 마라.
- 다시는 네게 같은 말을 하지 않았으면 좋겠구나.
- 조용히 해!
- 숙제를 다 하고 나면 TV를 볼 수 있게 해줄게.
- 그 말은 이미 들었어.
- 나 지금 몹시 화가 나 있어.

목소리와 몸짓이 기분 나쁘게 여겨질 모든 상황을 기록하고 존중의 태도를 전하도록 고칠 방법을 생각해보자.

2

아들의 에너지를
긍정적으로 돌린다

허클베리 핀은 일반적인 삶에서 동떨어진 아이였다.
톰 소여 역시 마찬가지다.
톰은 내가 어린 시절 알던 세 친구 중 한 명이기도 하다.
처음 내 구상은 어른에게 자신의 어린 시절을
유쾌하게 떠올리도록 하는 것이었다.
당시에 자신이 어떻게 느끼고 생각하고 이야기했는지,
얼마나 많은 엉뚱한 일들을 저질렀는지 말이다.

_마크 트웨인Mark Twain / 작가

매트를 깔아주면
싸움이 사라진다

대부분 남자아이는 힘이 넘치고 몸으로 움직이는 걸 좋아한다. 심지어 운동을 좋아하지 않고 활동적이지 않은 아이도 그렇다. 남자아이는 컴퓨터 게임이나 책과 영화 속 주인공의 역동적인 모습을 보면 따라 하고 싶어 한다.

다양한 신체활동으로 에너지를 쓰는 건 매우 중요하다. 이전 세대 사람들은 꽤 많은 시간을 '밖에서' 놀며 자유로운 모험을 즐겼다. 공동체의 어른들은 아이가 잘못을 저지르면 부모에게 알리거나 그 자리에서 바로잡아주었다. 그렇지만 자기만의 안전을 중요하게 여기는 요즘이라면 아이는 밖에 나가서도 그다지 환영받지 못한다.

언젠가 한번 여섯 살에서 열네 살쯤 되어 보이는 남자아이들이 동네의 나무 위를 기어오르는 모습을 본 적이 있다. 아이들은 아주 재미있어 보였는데 한 아이의 아버지가 나타나더니 위험하니

나무에서 내려오라고 소리쳤다. 다른 아이에게도 잘못된 행동이라고 분명히 못을 박았다. 그 모습을 본 내가 물었다.

"그러면 당신은 어렸을 때 나무에 올라가 본 적이 없나요?"

"물론 있죠. 그렇지만 나는 우리 집 마당에 있는 나무에만 올라갔어요."

요즘의 많은 아이는 올라갈 나무가 있는 집에서 사는 행운을 누리지 못한다. 나무에 올라가는 평범했을 경험을 하려면 꽤 먼 곳까지 나가야 한다. 상대적으로 덜 위험한 이런 일로 꾸중을 듣는다면 대신 어떤 놀이를 할 수 있을까? 어쩌면 공원에 가서 축구를 하거나 그저 잡담을 나눌 수도 있을 것이다. 그렇지만 좀 더 활동적이고 재미있는 것을 하고 싶다고 생각하기까지 그리 오랜 시간이 걸리진 않을 것이다. 아이는 돌을 던지거나 불장난을 할 수도 있고, 호기심에 담배를 피우거나 나쁜 약물에 손을 댈 수도 있다. 어쩌면 폭력적인 DVD를 보거나 흥분되는 컴퓨터 게임을 할지도 모른다. 에너지를 소모하는 대신 에너지를 쌓아두었다가 나중에 한꺼번에 터트릴 수도 있다.

야외활동의 위험에서 아이를 과보호하는 것이 어쩌면 더 위험한 행동이 아닐까. 자연적인 본성을 억누르고 지나치게 보호를 받은 아이는 책임감과 위험에 대한 감각을 계발하지 못한다. 독립적으로 시간을 활용하는 기술 또한 제대로 익힐 수 없다.

아이들은 현대도시에서 모험정신을 표출할 방법을 가까스로 찾아냈다. 스케이트보드를 타는 아이는 쇼핑센터나 주차장, 지하도를 찾아가 기술을 연마한다. 인라인스케이트를 타는 아이는 도로나 길을 따라 달리며 능력을 펼쳐 보인다. 청소년이나 청년층은 담벼락이나 지붕, 울타리들을 장애물 삼아 뛰어넘는 일종의 스포츠를 고안해냈다. 평범한 도시의 풍경을 자신들의 놀이터로 바꾸어 놓은 것이다.

남자아이의 활기 넘치는 에너지를 잘 다루어 긍정적으로 돌리는 것은 아주 중요하다. 그러나 자신의 에너지가 파괴적이고 억압해야 할 통제대상이라 생각한다면 아이는 불편해하면서 불만을 품게 된다. 혹은 너무 쉽게 순응할지도 모른다.

순종적인 아이가 무슨 문제가 있느냐고? 다들 예의 바르고 공손한 아이를 바라지 않느냐고? 물론 그렇다. 그렇지만 동시에 우리는 아이의 자아가 강해지고 자존감이 높아지기를 바란다. 아이가 통제된 방식으로만 길든다면 자아에 대한 감각이 무너질 수 있다. 순종적인 아이는 되겠지만 정신은 죽는 것이다. 다음의 이야기는 어떻게 이런 일이 일어날 수 있는지 보여준다.

학교를 지루하고 불편하게 생각하는 캐시라는 여자아이가 있었다. 캐시에게는 난독증 증세가 있었는데 이 때문에 학교를 다니는 내내 놀림을 당했다. 10대가 되자 캐시는 어느 남자아이를 사귀게 되었고 이 남자친구가 그녀를 돌보고 보호해주었다. 마침내 두 사람은 결혼했다. 캐시는 성인이 되자 모든 것을 스스로 다 통제하기로 했다. 그것이 그녀의 생존전략이었다. 그녀는 가정과 가족의 모든 문제를 책임졌고, 해야 할 일과 하지 말아야 할 일에 대해서도 자신만의 군건한 기준을 가졌다. 자신의 규칙이 계속되어야 한다고 확신했다. 캐시가 강하게 나올수록 그녀의 남편은 점점 아내의 의견만을 따르게 되었다. 캐시는 처음에는 마음대로 하는 것이 좋았지만, 얼마 지나지 않아 남편의 나약한 모습에 실망을 느껴 남편이 하는 대부분의 일이 불만스러워졌다. 부부의 첫째 아들은 아빠를 닮아 캐시가 쉽게 다룰 수 있었지만 둘째 아들은 좀 더 자기주장이 강했다. 캐시는 용감하면서 모험심이 강한 둘째를 자랑스러워했다. 그렇지만 둘째 아들이 자라면서 스스로의 길을 가기 원하자 집안에 분란이 일어났다. 캐시에게 그런 일은 있어서는 안 되었다. 둘째 아들에 대한 자랑스러움은 분노로 바뀌었다. 캐시는 가족을 통제했고 성공을 거두었지만 대가는 혹독했다. 캐시는 남편과 두 아들을 존중하지 않았고, 세 남자는 남성성을 잃고 말았다.

아이에게 육체적 에너지를 발산할 기회를 주라

남자아이는 육체적 에너지를 발산할 기회가 필요하다. 에너지를 발산하면 아이는 마음을 가라앉혀 한 곳에 몰두할 수 있다. 건강과 체력도 좋아지며 숙면도 취할 수 있다. 신체적으로 급성장하는 시기가 지나면 아이는 갑자기 커진 신체에 적응하지 못해 굼뜬 모습을 보이는데, 이때 육체적 활동은 새로운 신체에 익숙해지도록 도와준다.

남자아이에게는 실내와 실외를 가리지 않고 몸을 움직일 시간과 공간이 필요하다. 아이가 어릴 때는 특별한 준비 없이 그저 본능에 따라 움직이도록 도와주라. 침대 위에서 뛰어놀거나 땅을 파헤치거나 서로 툭탁거리다가 나무 위를 기어올라도 괜찮다. 아이가 낯선 곳을 찾아가고 비가 오면 밖으로 뛰어나가 진흙탕 속에서 놀고 마당에서 불장난하거나 자기 방을 전혀 다른 세상으로 바꿔놓는 것도 보통 있는 일이다. 무조건 못 하게 하지 말고 안전하게 하는 법을 가르쳐라.

아이가 나이가 들면 좀 더 조직적인 활동이 필요하다. 운동경기는 아이들의 확실한 배출구이다. 열두 살 아들의 어머니는 아들이 농구 경기를 하면 지루하거나 문제를 일으킬 틈도 없다고 이야기한다.

아이는 운동경기로 에너지를 긍정적으로 배출할 뿐 아니라 팀

워크와 헌신, 원칙과 연습의 가치를 배우게 된다. 여기서 얻은 가르침은 인생의 다른 부분에도 영향을 미친다. 만일 운동경기의 목적이 아이의 에너지를 배출하는 수단이라면, 이때 어른은 경기의 결과에 너무 집착하지 않아야 한다. 자녀를 응원하러 오는 부모가 부정적인 영향을 미칠 때도 잦다. 경기가 끝나면 아이가 잘한 것을 칭찬해주고 실수한 것을 위로해주지 않고, 언제 어떻게 더 잘했어야 했는지만 이야기하는 경우이다. 이때 아이는 경기에서 반드시 승리해야만 부모가 만족한다고 여기게 된다. 이런 경험은 많은 남자에게 끊임없이 자신을 증명하게끔 한다.

팀 경기를 좋아하지 않는 아이는 무술이나 체조, 자전거나 수영, 춤, 악기, 산책과 같은 활동을 더 좋아할 수도 있다. 집안에서는 잘 드러나지 않는 자질을 야외활동으로 보여줄 수도 있다.

텔레비전과 컴퓨터 게임에 대처하는
부모의 자세

부모는 보통 남자아이가 폭력에 관심 두는 것을 경계한다. 아이에게 싸움과 무기 다루는 일을 허락하면 공격적이 될까 걱정하기도 한다. 아이가 어릴 때는 상대를 심각하게 다치게 하는 일은 드물다. 부모의 가르침을 받아들일 나이라면 공격성이 어떤 것인지 이해하고 생각하도록 도와준다.

싸움은 어린 시절 꼭 필요한 통과의례다. 남자아이는 어른과 힘겨루기를 하면서 육체적으로도 친밀해지고 자신감도 얻는다. 규칙을 따르는 동안 자신을 통제하는 법을 배우고 누가 진짜 대장인지도 알게 된다.

아이들과 남자 어른이 즐겁게 할 수 있는 놀이가 바로 '침대 싸움'이다. 더블 침대가 레슬링경기장으로 변신한다. 아이가 너무 어리다면 경기장 밖으로 떨어지지 않도록 특히 주의해야 하지만, 좀 더 자라면 침대 밖으로 떨어지는 순간이 더욱 재미있는 힘겨루기가 된다. 이 침대 싸움을 통해 아이들은 몇 명이 덤벼도 어른 한 명을 이길 수 없다는 것, 무슨 짓을 해도 무릎을 꿇을 수밖에 없다는 사실을 깨닫고는 깜짝 놀란다. 침대 싸움이 가족의 전통으로 자리 잡으면 엄마는 부자가 레슬링을 즐기는 동안 여유로운 시간을 보낼 수 있다.

레슬링은 자기를 방어하는 법을 배울 좋은 기회이다. 실제로 그 기술을 쓸 기회가 없더라도 자신을 지킬 수 있다는 사실은 자신감을 준다. 이런 자기방어의 기술은 문제를 일으키지 않도록 막아주고 다른 아이에게 괴롭힘을 당하지 않게 해준다. 싸움과 장난감 무기를 금지하는 집에서 자란 남자가 있었다. 그는 커서도 힘을 사용하는 상대를 만날 때마다 몹시 두려워 어찌할 바를 몰랐다고 한다. 30대가 되어서야 자기방어 기술을 배운 남자는 비록 그 기술을 사용할 기회는 없었지만, 필요하면 언제든 자신과 가족을 보호할 수 있다는 생각에 안심되었다고 한다.

태권도나 가라테, 권투 같은 격투기는 많은 남자아이에게 큰 도움을 준다. 이런 활동으로 공격적인 아이는 차분해지고 조용한 아이는 자신감이 커진다. 싸움을 허락할 때는 아이에게 경계선을 분명히 정해주고 규칙을 지키지 않으면 당장 싸움을 중지시킨다.

어느 중학교 모임에는 남자아이가 여자아이보다 훨씬 많았다.

'싸움 금지'라는 규칙이 분명히 있었음에도 지도교사들은 매주 두세 건의 '다툼'을 뜯어말려야만 했다. 그러던 어느 날, 교사는 다른 방법을 써보기로 했다. 교실의 한쪽 구석에 매트를 몇 장 깔아놓고 싸우고 싶으면 반드시 매트 위에서만 싸워야 한다고 말했다. 물론 매트 밖에서는 절대로 안 된다. 이렇게 공식적인 '경기장'이 탄생했다. 아이들은 마음껏 효과적으로 에너지를 발산할 수 있었다.

시행 첫 주에는 남자아이들이 매트를 점령했지만 얼마 지나지 않아 남자 여자 할 것 없이 모두 레슬링을 즐기며 스스로 대전표를 정했다. 나이와 체급, 성별에 상관없이 섞여서 하는 놀이가 된 것이다. 이렇게 섞이면 위험하지 않으냐고 묻기도 하는데, 어린아이들이 뭉쳐서 큰 형들을 매트 위에서 눌러 이길 때 대단한 쾌감을 느끼는 모양이었다. 그렇게 몇 개월이 지나자 매트 위 레슬링은 시들해졌고 다른 활동이 그 자리를 채웠다.

어른은 보통 지금 일어나는 상황에 대응해야 한다. 그 자리에서 효과적인 방법을 본능에 따라 결정해야만 하는 것이다. 어른이라고 항상 옳을 수도 없고, 한 가지 방법이 효과가 제대로 없다면 언제든 또 다른 방법으로 접근해야 한다.

만약 다툼이나 레슬링이 괜찮다면 무기는 어떨까? 몇 세대 전에는 아이가 총이나 칼, 활과 화살을 가지고 노는 게 대수롭지 않았다. 장난감 무기가 누군가를 놀라게 하거나 상처를 주는 데 사용되지만 않으면 이해해줘도 되지 않을까. '오직 집이나 마당에서만 가지고 논다.' 정도의 규칙을 정해서 말이다.

언젠가 가족 단위로 오는 캠핑장에서 어떤 아버지가 장난감 총 문제로 다른 부모와 싸우는 걸 본 적이 있다. 장난감 총을 가지고 놀면 안 된다고 말하는 아버지는 무섭도록 공격적으로 화를 내고 있었다. 그 아버지는 총과 같은 폭력을 사용해서는 안 된다고 말하지만, 실제 자신은 정반대로 행동하고 있었다. 캠핑장에서 장난감 총으로 노는 게, 분노한 아버지 밑에서 자라는 것보다 덜 공격적이 되리라 확신한다.

언제 어디에서 누구와 함께 보느냐가 더 중요하다

또 다른 고민거리는 텔레비전과 컴퓨터 게임의 폭력성이다. 집 안에서야 이것을 통제하기가 상대적으로 쉽지만, 집 밖이나 나이 많은 형·누나와 함께 놀 때면 통제가 어려워진다. 남자아이는 커 갈수록 유혈이 낭자한 공격적인 모험물에 빠지는데 엄마들은 이런 것을 아주 불쾌하게 생각한다. 그렇지만 대부분 남자아이에게 폭력적인 영화와 게임은 단순히 재미있는 싸움과 액션의 세계, 일시적인 탈출구일 뿐이다. 문제는 아이가 이런 폭력물에 접근할 수 있느냐 없느냐가 아니라 언제 어디에서 누구와 함께 어떤 걸 얼마나 오래 보느냐이다. 나이도 물론 문제가 된다. 부모는 아이가 자기 방에서 텔레비전을 보거나 컴퓨터 게임을 하도록 내버려두지 말아야 한다. 가족의 공간으로 아이를 이끌어내어 텔레비전이나 게임이 끝난 뒤에 아이의 기분이나 행동의 변화에 주의를 기울인다. 아이가 만약 좋지 않은 행동을 하면 텔레비전과 게임을 제한한다. 일정 시간 동안 가정에서 '폭력물'의 시청이나 게임을 허락한다는 것은 집안의 어른도 그 시간을 함께 보내야 한다는 의미이다.

아홉 살 먹은 남자아이가 친구 집에서 하룻밤을 보내고 집으로 돌아왔다. 그리고서 친구 집에서 텔레비전으로 본 WWF(미국 프로레슬링) 경기를 신이 나서 떠들어댔다. 엄마는 깜짝 놀랐다. WWF 경기를 본 적은 한 번도 없지만 아들이 하는 말은 온통 폭력과 공격성으로 얼룩져 있었기 때문이다.

엄마는 며칠 동안 아들이 신이 나서 떠드는 이야기를 들으며 고민했다. 엄마가 불편한 기분을 이야기하자 아들은 엄마를 안심시키려는 듯 이렇게 말했다.

"걱정하지 마세요. 그 경기는 실제로 그렇게 위험하지 않아요. 레슬링 선수들은 경기 전에 충분히 연습하고 미리 다 짜 맞춘 거니까요."

엄마는 믿을 수 없었다.

"그렇지만 레슬링 기술이 아주 위험해 보이는데. 선수들도 분명 다칠 거 같은데?"

"그렇죠. 선수들도 때로는 다쳐요. 그렇지만 사실은 관중들에게 보여주려고 주의 깊게 짠 쇼 같은 거라니까요."

엄마는 일단은 넘어가 주었다. 그리고 아이의 관심이 레슬링에서 영화 〈스타워즈〉로 옮겨가자 안도의 한숨을 내쉬었다. 이 공상 과학 영화 속 주인공들은 광선검을 들고 서로 싸웠고 아이는 그 흉내를 내며 막대기로 칼싸움을 했다.

어느 날 엄마가 마당으로 나가보니 막대기로 칼싸움을 하던 아들이 친구에게 이렇게 말했다.

"아니, 아니. 그렇게 하면 안 돼. 넌 두 걸음 물러나야 한다고. 두 걸음 물러나서 나를 가짜로 치는 거라고."

미리 짜 맞춘듯이 칼싸움을 하는 것도 WWF경기를 보고 배운 모습인 듯했다.

에너지의 방향을
원하는 데로 돌리는 법

여기서 말하는 에너지는 육체적인 것과 정신적인 것도 포함한다. 아이들은 상상과 놀이로 모험과 흥분에 대한 욕구를 충족시킨다. 일반적으로 남자아이는 집중하는 시간이 짧다고 여기지만, 모형을 만들거나 재미있는 영화와 컴퓨터 게임 등 자신이 좋아하는 일에는 놀라울 정도의 집중력을 발휘한다.

어느 라디오에서 케임브리지대의 킹스대학 성가대의 지휘자와 인터뷰를 했다. 그에게 성가대원들의 불협화음을 어떻게 막느냐고 물어보니 대답은 간단했다. 성가대의 아이들에게 항상 도전할 거리를 준다는 것이다. 목표가 있는 아이는 장난치는 일도 다 잊어버린다.

어른이 약간의 상상력만 가미하면 하기 싫고 재미없는 일도 흥분되는 도전적인 일이 된다. 편지를 부칠 때도 경쟁심을 부추겨 3분 안에 우체통에서 집으로 올 수 있는지 시간을 재는 것처럼 말이다.

남자아이의 방은 지저분하다. 엄마는 방 청소를 전쟁놀이로 바꿔보기로 했다. '병사들'의 '부대 청소' 놀이였다. 아이는 자기 방으로 뛰어 올라가 정신없이 방을 치우기 시작했다. 10분 후, 엄마는 장교 흉내를 내며 천천히 아이 방으로 갔다. 아이는 차렷 자세로 서서 엄마가 방을 확인하는 동안 그대로 기다렸다. 부대 청소는 말할 것도 없이 장교의 검사를 통과했다.

체육관의 지도교사가 탁구대 저편 바닥에 떨어져 있는 사탕을 하나 발견했다. 아이가 탁구를 하다가 실수로 사탕을 건드리거나 밟아 깨트릴 것 같았다. 교사는 탁구 할 준비를 하던 한 아이를 불렀다.

"너한테 몹시 어려운 일을 맡겨볼까 하는데."

교사가 속삭이자 아이가 귀를 쫑긋했다. 교사가 사탕을 가리키며 말했다.

"저기 탁구대 끝에 있는 사탕이 보이니? 공을 탁구채로 쳐서 사탕 근처까지 가게 할 수 있을까?"

아이가 공을 쳐서 사탕 근처에 닿자 아이는 공과 사탕을 주워들고는 자랑스럽게 교사를 돌아보았다.

"네가 해낼 줄 알았다!"

교사는 칭찬해주고 이렇게 말했다.

"그러면 이제 그 사탕은 쓰레기통에 버리렴."

잠을 안 자려는 아이를 어떻게 하면 침대로 가게 할 수 있을까? 누가 먼저 침대로 들어가는지 경주를 하면 된다! 물론 그 아이를 무조건 이기게 해줘야 하지만 말이다.

지난 학기의 댄스대회는 엉망이었다. 여자아이들이 춤을 추고 있으면 남자아이들은 한쪽 구석에서 그것을 바라보다가 들락날락 우왕좌왕하기만 했다. 다음 대회 일정이 잡히자 지도교사는 남자아이를 위해 거리 댄스 강좌를 개설했다. 많은 남자아이가 강좌에 참여해 점프나 회전, 프레스 업 같은 다양한 길거리 댄스 동작을 배웠다. 다음 댄스대회가 열리자 남자아이 둘이 무대 중앙으로 나서 댄스 경연을 벌였다. 그동안 배웠던 모든 동작을 선보이며 스스로 만들어낸 동작들도 덧붙였다. 친구들이 그 주변을 둘러싸고 손뼉을 치며 춤추는 아이의 이름을 연호했다. 그날의 행사를 마칠 무렵에는 모든 아이가 다 무대로 나와 춤을 즐겼고, 지도교사는 대회가 성공리에 끝났다는 걸 알았다.

이렇듯 남자아이가 어떤 일을 하길 머뭇거릴 때 방식을 달리 해주면 용기를 내 그 일을 하기도 한다. 아이의 풍부한 상상력은 보통 좋지 않은 엉뚱한 행동으로 나타나기도 한다. 이것을 파악하면 어른이 원하는 방향으로 아이를 움직일 수 있다.

캠핑에 간 아이가 텐트를 치고 있다. 아이가 텐트용 받침대로 쓰이는 카본스틱이 훌륭한 낚싯대가 될 수 있다는 것을 알고 물고기를 잡으러 가려 한다. 그럴 때 얌전히 좀 있으라고 화를 내기보다 "월척이라도 낚으러 가나 보네. 그렇지만 텐트부터 빨리 쳐야지 고기를 잡아도 해 먹을 수 있지 않을까?"라고 말하면 아이를 원하는 데로 움직이게 할 수 있다.

아이는 지루하면 종종 직접 재미있는 놀잇거리를 만들어낸다. 어떤 아이는 또래 친구나 부모에게 싸움을 걸기도 한다. 그건 일종의 도전으로 먼저 싸움을 걸고 이기고 싶은 것이다. 아이의 도발에 넘어가 이겨 먹으려 한다면 이중 함정에 빠지는 것이다! 이럴 때에는 아이가 다툼을 포기하게 만들고 더 재미있는 일을 찾도록 도와준다.

유머 감각을 사용하면
불평이 사라진다

남자아이는 보통 장난을 많이 치고 거칠고 엉뚱한 행동을 좋아한다. 그들은 항상 재미를 원한다. 어른은 아이를 즐겁게 해주고 동기를 부여해서 마음을 사로잡아야 한다.

불평불만이 많은 아이에게 "그 정도로 불만이 많다고 할 수 있겠어? 진짜 불평을 하려면 이 정도는 해야지!"라며 얼굴을 잔뜩 찌푸리고 툴툴거려 보자. 아이는 웃을 수밖에 없을 것이다.

청소년 클럽 지도교사가 벽에 새로운 포스터 몇 장을 각기 다른 방향으로 붙여놓았다. 몇몇 아이가 포스터를 떼어냈다. 지도교사가 장난기 가득한 얼굴로 말했다.

"그건 선생님이 오후 내내 각도기까지 동원해서 붙인 거라고."

아이들은 포스터 방향이 이상하다고 놀리기 시작하자 교사가 진지하게 말했다.

"분명히 말하지만, 너희는 저 정도도 하지 못할걸!"

그 말에 도전이라도 하듯 아이들은 포스터를 다시 붙이기 시작했다.

남자아이의 유머 감각은 그들의 에너지와 마찬가지로 적절하지도 않고 미숙하게 보이기도 한다. 적절한 유머를 적절한 때에 사용하는 방법을 가르쳐야 한다. 아버지는 아이의 유머 감각에 큰 영향을 미친다. 만약 아버지가 재미있고 건설적인 유머 감각을 적절히 사용한다면 이는 아이에게 그대로 전해져 아이의 유머 감각도 조금씩 성숙해진다. 그러니 아이가 크는 동안은 아예 아이의 눈높이에 맞추어 함께 유머를 즐기는 게 가장 좋다!

나이에 따라 달라지는 아이의 웃음 포인트

5세: 몸으로 웃기는 것. 눈에 확실히 보이는 것과 재미있는 소리

7세: 짓궂은 행동들. 화장실과 관련된 이야기나 전혀 앞뒤가 안 맞는 엉뚱한 이야기

9세: 말로 이해할 수 있는 농담이나 그와 관련된 책들

11세: 거칠거나 실제로 사용하는 농담들. 단순한 말장난이나 거창하고 무례한 말. 유혈 낭자한 이야기나 재미있는 이야기

13세: 남녀 성기, 육체와 관련된 이야기. 각 개인에 대한 평가들

15세: 성관계에 대한 풍자, 아이러니, 조롱

유머를 사용할 때는 아이가 그걸 이해할만한 나이어야 한다. 예를 들어 10대는 조롱을 유머라고 생각하므로 그렇게 접근하면 친밀해질 수 있다. 그렇지만 나이가 어린 아이는 이해하지 못한다. 단순한 조롱과 비난 사이에는 경계선이 확실하지 않아 듣는 사람에게 혼란과 상처를 주기도 한다.

키에런은 일곱 살 때 태권도를 배웠는데 매우 재미있다고 열심히 했다. 키에런이 열 살이 되자 또래 중에서 실력이 가장 뛰어나 고학년 학생들과 같이 배우기 시작했다. 그러던 어느 날 키에런이 이제 태권도 따위는 그만두겠다고 소리쳤다. 이유인즉, 자기가 실수를 하면 사범이 자기를 우스갯거리로 만든다는 것이었다. 키에런의 부모는 그건 네가 고급수업을 듣고 있기 때문이며 사범의 말은 일종의 칭찬이고 전혀 놀리려는 의미가 아니라고 이야기해주었다. 키에런은 그 말을 이해하지 못했고 다시는 태권도를 배우러 가지 않았다.

남자아이가 산만한 건
불안해서다

부모의 부적절한 기대가 아이를 망친다. 아이의 발달단계에 맞지 않는 일을 자꾸 기대하면 아이는 힘들어진다. 남자아이는 일반적으로 같은 또래의 여자아이보다 섬세함이 떨어져 끈이 아닌 찍찍이 신발을 신고, 단추 달린 옷보다는 운동복을 좋아한다. 그림을 그릴 때도 또래 여자아이와는 달리 뭉뚝한 크레용으로 대충 그린다. 반면에 바늘귀에 실을 꿰지 못할지라도 재봉틀에는 큰 관심을 보이고 곧잘 사용한다. 모든 아이가 똑같은 나이에 똑같은 일을 할 수 있다고 기대하지 말자. 차이점을 인정하고 언제 시작할 준비가 되어있는지 주목한다. 남자아이는 일단 육체적·정신적으로 준비되면 새로운 기술을 굉장히 빠르게 습득한다.

아이가 흥미로워하는 일을 스스로 할 수 있도록 도와주자. 아이들 입장에서는 자신이 좋아하는 일을 원하는 속도 안에서 해야 한다. 그러면 그 흥미는 평생 지속된다. 아이에 대해 미리 선입관을 가지지 않도록 주의하자.

마틴이 아홉 살 때, 마틴의 부모는 마틴에게 괴물 복장으로 놀기에는 나이가 너무 많다고 말했다. 그런 놀이를 '유치하다'고 하자 마틴은 더는 괴물 놀이를 하지 않았다. 대신 말을 안 듣고 거칠게 행동하기 시작했다. 마틴의 길 건너편에는 일곱 살짜리 동생이 살았는데 그 집에서는 괴물처럼 차려입고 노는 게 별로 문제 되지 않았다. 몇 년 동안 두 아이는 주로 어린아이 집에서 놀았고 마틴은 그 집에서는 언제나 예의 바르게 굴며 다투는 일도 없었다. 어느덧 10대가 되자 두 아이의 관심은 자연스럽게 여자 쪽으로 향하게 되었고 좋아하는 여자한테 열중했다.

모든 아이가 똑같은 나이에 똑같은 일을 하는 건 아니다

때로 남자아이의 행동은 자신이 처한 상황을 반영하기도 한다. 만약 계속해서 아이가 혼날 행동을 한다면 차라리 아이에게 물어보자. 무슨 일 때문에 그런 행동을 하는지, 그걸 막기 위해서 어떤 일을 할 수 있을지 말이다. 생일 파티에 모인 아이에게 조용히 앉아있으라는 건 아무 소용없는 일이다. 눈 내리는 날 수업 후에 눈싸움하라는 건 스트레스만 줄 뿐이다.

어느 교사가 아이들에게 체육관에서 장비 꺼내는 것을 도와달라고 했다. 창고 문을 열자마자 아이들은 공을 꺼내 들고 농구와 축구를 하기 시작했다. 먼저 준비하는 일을 도와달라고 다시 말했지만 아이들은 공을 주고받으며 들은 척도 하지 않았다. 지도교사는 점점 짜증이 치밀어 올랐다. 그렇지만 냉정히 보니 문제는 아이의 태도가 아니라 아이 손에 공이 먼저 들어간 것이었다. 다음 주, 아이가 도착하기 전에 미리 공을 치워 두고는 아이들이 오자 일단 장비부터 설치하자고 말했다. 장비는 재빨리 설치되었고 아이들은 모두 협조적이었다.

남자아이가 이리저리 뛰어다니거나 요란스러운 소리를 내는 것은 어떤 불안감에 대한 반영일 수 있다.

> 남녀 간에는 타고난 차이점이 있다. 여자아이는 뭔가 불안하면 조용히 움츠러들지만, 남자아이는 반대로 떠들썩하게 뛰고 시끄러운 소리를 낸다. 이런 모습은 사람들에게 '공간을 지배하려는 행동'으로 비치기도 한다. 그렇지만 이는 분명히 불안감의 반영이다. 남자아이를 이해하고 구체적인 활동을 지원하는 우수한 교육기관에서는 이런 성별에 따른 차이가 거의 나타나지 않는다.
>
> - 스티브 비덜프 《아들 키우는 부모에게 들려주고 싶은 이야기Raising Boys》

음식도 이런 행동에 영향을 미친다. 아이들은 매점에서 단것을 먹을 때 몹시 '흥분'하기도 한다. 매점에 가기 전부터 활동을 줄이면 아이는 훨씬 더 차분해진다.

남자아이가 글쓰기를 싫어하는 건
어색해서다

부모와 교사는 남자아이가 읽기와 쓰기에 흥미를 보이지 않는 것에 크게 실망한다. 만약 남자아이가 뭔가를 읽기 바란다면 아이가 좋아하는 것에 대한 읽을거리를 주어야 한다. 아이가 상어에 관심이 있다면 상어에 대한 읽을거리를 준다. 아이가 우스갯소리를 좋아한다면 책장에 관련된 책을 갖추어놓자. 이 책의 끝에는 아이가 좋아할 만한 책의 목록을 실어두었다.

많은 남자아이가 읽기란 지루하고 따분하다고 생각한다. 책이란 재미가 없고 좀이 쑤시며 들어간 노력에 비해 보상은 형편없다고 말이다. 어른은 아이에게 책을 직접 읽어주며 책이 주는 즐거움을 보여주어야 한다. 책과 가까이하며 그 안의 경험을 함께 나누는 게 얼마나 좋은지 말이다. 책을 읽어줄 때는 먼저 단어의 뜻을 알려주고 시대배경을 설명한다. 어른이 읽어주는 것을 들으며 자란 아이는 어느 순간 어른의 손에서 책을 뺏으며 이제는 직접 읽겠다고 말할 것이다.

독서를 위한 "쿨"한 랩

아이들이 책을 읽게 하고 싶으면 일단 짧은 책을 쥐여줘

어떤 부모들은 모르는 것 같아 중요한 건 상상력과 쿨한 마음

그리고 학교에서 보는 책도 중요하지

엉터리 도둑 이야기에 소름 돋는 이야기

경찰도 나오고 그림책도 있어

읽을 만한 책은 얼마든지 있지

최소한 컴퓨터 게임 따위는 돌아보지 않을 거야

그러니 내 말을 들어봐

그러면 곧 내게 감사하게 될 테니

아이들에게 소리 내어 책을 읽지 말게 해줘

그렇게 하면 그저 한 번 읽고 마는 것

아이들에게 책을 읽히려는 계획은 말짱 꽝이 될 거야

그러니 내 충고를 들으려면 뭐든 제대로 해야 해

그렇게 하면 아이들은 책을 읽게 될 거야

그것도 오늘 밤 당장!

- 로버트 체슬링Robert Chaseling, *16세*

남자아이가 글쓰기를 싫어하는 건 얇은 필기구를 손에 쥐는 게 어색하고 글자를 쓰는 게 어려우며 긴 글을 쓰는 게 지루해서다. 남자아이의 손글씨는 일반적으로 여자아이보다 단정하지 못한데 거기에 안 좋은 점수까지 받으면 글쓰기란 참 손해 보는 일이라고 생각하게 된다. 아이가 제멋대로 하도록 내버려둔다면 아이는 방바닥에 배를 깔고 누워 더 널찍한 공간에 더 두툼한 필기구를 찾아내어 무언가를 끼적일 것이다. 이걸 그대로 놓아두면 글쓰기와 그리기는 아주 재미있는 놀이가 된다. 아이의 손재주를 키워주려면 찰흙을 던져주거나 종이와 가위를 손에 쥐여주면 된다. 블록을 가져다주면 분해하고 다시 조립하는 놀이를 실컷 할 수 있다.

일단 아이는 시작만 하면 대부분은 어른이 원하는 방향으로 움직인다. 어느 초등학교 교사가 난독증이 있는 아이가 글을 쓰게 할 방법을 고민하다 공룡 모양의 종이를 건네주었다. 아이는 종이를 아주 좋아했고 상대적으로 쉽게 글을 썼다. 2주 후 교사가 다시 공룡 종이를 내밀자 "나는 이제 다 커서 그런 건 필요 없어요. 제대로 된 종이를 주세요."라고 말했다.

아이의 숙제를 도와줄 때는 숙제의 내용과 글쓰기를 구분해야 한다. 아이들은 자기 생각을 말로는 쉽게 표현하면서도 막상 글로 표현하기는 어려워한다. 이때 질문과 메모를 통해 생각을 정리하는 것을 도와주자. 숙제와 글 쓰는 일을 분리하면 아이는 써야 한다는 강박관념 없이 창의적인 생각을 자유롭게 펼쳐 보인다. 천천히 조금씩 숙제를 하면서 최종 버전을 제출하도록 유도할 수도 있다. 손글씨가 엉망이라면 컴퓨터 사용법을 알려주어도 된다.

아이가 글을 많이 읽고 시각적인 기억력도 뛰어나다면 학교의 받아쓰기 시험을 지루해할 수도 있다. 브론토사우르스 같은 어려운 공룡 이름이나 세인트크레스토퍼네비스 같은 나라 이름 등 긴 단어를 적거나 단어를 거꾸로 쓰는 것을 좋아하는 아이도 있다. 그런 아이는 단어를 머릿속으로 그리고 있다는 뜻이다. 아이가 종이사전을 찾는 일을 부담스러워 한다면 전자사전은 훨씬 더 매력적인 도구가 될 것이다.

읽기나 쓰기가 목적을 위한 수단이라는 것을 깨닫는 순간 아이는 놀라운 능력을 보여주기도 한다. 포켓몬에 푹 빠진 아이가 있었다. 일본 만화영화 〈포켓몬스터〉에서 주인공이 대결을 위해 포켓몬 캐릭터들을 하나씩 모은다는 내용이다. 여덟 살과 열 살인 두 형제는 공부에는 별다른 관심이 없고 노는 것을 더 좋아했다. 형제는 포켓몬 놀이카드를 사는 데 용돈을 다 써버렸고 남는 시간에는 이 만화를 원작으로 한 컴퓨터 게임을 하면서 놀았다. 어느 날 아빠가 아이가 있는 2층이 이상할 정도로 오랫동안 조용하다는 사실을 깨달았다. 무슨 일이 있나 확인하러 올라가 보니 아이들은 책상 앞에 앉아있고 그 앞에는 연습장 뭉치가 놓여있었다.

종이마다 그려져 있는 건 아이가 생각해낸 몬스터들이었다. 그리고 그 밑에는 이름과 함께 몬스터의 특징을 나타내는 설명이 단정한 글씨로 적혀있었다. 중요한 대목에는 밑줄이 그어져 있었고 쉼표나 마침표도 정확했다. 상상력을 동원하고 정성을 기울여 직접 만든 완벽한 포켓몬 카드였다.

학교와 좋은 관계를 만드는 비밀

일찍부터 학교와 좋은 관계를 만들면 나중에 문제에 휘말리더라도 이야기를 쉽게 나눌 수 있고 아이가 올바르게 성장하도록 도울 수 있다. 학교와 관계를 맺는 한 가지 방법은 어떤 식이라도 학교에 도움을 주는 것이다. 학교에서는 학부모의 지원을 중요하게 생각하고 아이는 학교 일에 관심을 기울이는 부모에게 많은 것을 배운다.

일상적으로 교사와 연락하면서 이야기를 나누는 긍정적인 관계를 구축할 수도 있다. 아이가 어려서 담임교사가 한 명이거나 부모가 학교까지 바래다줄 때는 이런 일이 상대적으로 쉽지만, 아이가 중고등 학교로 진학하면 조금씩 어려워진다. 교사에게는 편지나 이메일 전화로도 연락할 수 있는데 언제나 긍정적인 어조를 유지하고, 문제가 있다면 더 커지기 전에 알려야 한다.

중학교나 고등학교의 교사는 보통 한 반에 30명 이상의 학생을 상대하고 맡은 과목에 따라 매주 수백 명의 다른 학생들을 가르친다. 아이는 종종 집과 학교에서 다르게 행동하고 교사는 학생의 현재 행동을 보고 판단하기 마련이다. 선생님은 부모가 알지 못하는 자녀의 정보를 제대로 제공하는 게 중요하다.

어떤 교사는 여자아이보다 남자아이를 가르치기가 더 힘들다고 한다. 이런 선입견은 남자아이와 관계를 맺거나 학부모에게 아이를 설명할 때도 영향을 미친다. 아이의 발달과정과 행동을 이야기할 때는 가능한 명확하게 사실만 이야기한다. 만약 선생님으로부터 정확한 이야기를 듣지 못했다면 질문을 통해 상황을 분명히 정리하고, 자신이 이해한 내용을 요약해 확인한다. 또한 가정에서 아이를 격려하기 위해 쓰는 방법을 이야기하면 학교에서도 참고할 수 있다.

교사와 면담을 할 때는 아이 없이 부모와 이야기하는 게 나을 수도 있고 때로는 아이와 함께하는 게 유용하기도 하다. 한 가지 방법을 제안한다면, 먼저 교사와 학부모가 만나 중요한 문제에 대해 진솔한 대화를 나누고 다음에 아이까지 포함한 만남을 한 번 더 가지는 것이다. 면담 시간에 꼭 문제점만을 다룰 필요는 없지만 될 수 있으면 실질적인 해결책을 찾는 데 집중한다. 면담이 끝날 때 교사와 학부모와 아이 모두 자존심이 상하는 일은 없어야 한다. 교사 앞에서 아이의 허물을 들추어내거나 아이 앞에서 교사를 공격하는 일은 반드시 피한다.

아이에게 육체적 에너지를 발산할 기회를 준다.

- 가능한 한 자주 밖으로 나가 신체적 활동을 하도록 격려한다.

- 특정한 실내에서도 활기차고 상상력이 넘치는 활동을 하도록 배려한다.

- 싸움놀이를 통해 자기 훈련을 가르친다.

아이가 계속해서 자극받고 도전하도록 한다.

- 아이가 종종 빠지는 상상의 세계를 이해한다.

- 하기 싫은 일을 재미있는 게임이나 도전으로 바꾼다.

아이와의 관계를 유지하기 위해 유머 감각을 사용한다.

- 아이의 연령대에 따라 유머 감각을 다르게 구사한다.

- 농담이 비난이 되지 않도록 주의한다.

아이가 성공하도록 지원한다.

- 아이의 성장 단계에 따른 적절한 수준을 기대한다.

- 아이가 관심 있는 걸 할 기회를 제공한다.

- 좋지 않은 행동을 주목하고 그 원인을 제거한다.

- 학교 교사와 연락하며 좋은 관계를 만들어 간다.

아이가 신체적 에너지를 표현할 방법을 생각한다.

아이의 관심사가 무엇인지 생각해보자. 어떻게 하면 에너지를 긍정적으로 발산할 수 있을까?

아이가 뿜어내는 에너지가 너무 과한가? 그 에너지를 통제하기 위해 어떤 말과 행동을 할 수 있는가?

아이에게 줄 도전거리를 생각해본다.

아이가 숙제하지 않는다면 어떻게 숙제를 재미있게 여기도록 만들 수 있을까?

에너지 발산을 위해 유머 감각을 사용했던 경험을 기억해본다.

아이의 유머 감각이 불편할 때가 있는가? 어떻게 대응해야 할까?

자주 사용하는 빈정거리는 말이 있는가? 앞으로 어떤 말로 대신할 수 있을까?

아이의 좋지 않은 행동이 외부적인 요인에 의한 것은 아닐까? 어떻게 하면 그런 상황이 일어나지 않게 할 수 있을까?

3

경계선과 규율이
올바른 아들로 키운다

제대로 된 규율은 아이에게 육체적 정신적 안정감을 준다.

규율을 지키면서 아이는 도덕적으로 행동하는 방법과

자기조절력을 배우게 된다.

_댄 킨들런·마이클 톰슨《아들 심리학Raising Cain》

튼튼한 경계선이
아이를 안정시킨다

남자아이에 대한 어느 학회에서 길고 긴 본회의 마지막에 내린 결론은 이거였다.

"경계선을 넘지 않는 게 아이의 일이라면, 어른이 할 일은 그 경계선을 튼튼하게 만드는 것입니다."

- NCH 스코틀랜드 〈우리 아이〉 콘퍼런스, 2003년 6월

경계선이란, 받아들일 수 있는 행동과 받아들일 수 없는 행동을 구분하는 선이다. 타고난 탐험가이자 위험을 아랑곳하지 않는 남자아이는 자신의 한계를 분명히 알기 위해 종종 그 한계선 가까이 다가간다. 만일 경계선이 모호하거나 아예 없다면, 아이는 자신의 행동 범위가 어디까지여야 하는지 알 수가 없어 혼란을 느낀다. 아이는 견고하고 명확한 경계선에 보호받고 있다는 안정감을 느낀다.

남자아이는 본능에 따라 경계선을 시험한다. 그렇기에 아이가 강하게 도전할수록 그 경계선은 더욱 튼튼해야 한다. 심하게 압박하라는 뜻이 아니다. 경계선이 있어야 하는 목적 중 하나는 아이에게 도전할 거리를 주기 위해서이다. 그러므로 아이가 실제로 경계선에 부딪힌다 해도 놀라거나 화를 낼 필요는 없다!

아이가 "꼭 그걸 해야만 해요?"라고 물을 때 사실 그 의미는 '나는 지금 자존심 때문에 그렇게 말해보는 거예요. 만일 꼭 해야만 한다면 그렇게 하겠어요.'라는 뜻이다. 만일 어른이 간단히 "그래." 라고만 대답하면 아이는 안도의 한숨을 내쉬며 더 이상의 형식적인 저항 없이 시키는 대로 할 것이다.

아이들은 식탁 치우는 일을 아주 싫어하지만 일단 하기 시작하면 주방과 식탁 사이를 바쁘게 뛰어다니며 열심히 한다. 바람이 빠진 자전거 타이어를 한 달이 넘도록 내버려두지만, 학교까지 차를 태워주지 않겠다고 하면 휘파람을 불며 즐겁게 타이어를 고친다. 마음으로는 일을 거부할지 모르지만 육체와 생각은 기꺼이 받아들이는 거다.

잘 이용만 한다면 규율은 인격을 만들어주고 책임감을 심어준다. 그렇지만 잘못 이용하면 분노를 자아내고 폭력적인 성향을 가르친다. 경계선과 규율에는 단호함과 지속성이 필요하다. 때로 아이는 분노도 표현하겠지만 그에 따른 가벼운 제재로 메시지를 좀 더 효과적으로 전달할 수 있다.

아이가 따르는 어른의 특성: 엄격함·공정함·유머 감각

아이들은 어떤 어른을 좋아할까? 무조건 편하고 말을 잘 들어주는 어른? 아이가 진짜 따르는 어른은 엄격함과 공정함, 유머 감각을 두루 가진 사람이다. 이러한 특징을 통합해 아이를 상대하면 관계는 좋아지고 다툼도 많이 줄어든다.

남자아이는 받아들여지는 행동의 한계와 그 한계를 넘었을 때의 제재를 알고 싶어한다. 즉 규칙과 제재를 명확하게 알려주는 게 아이에게도 필요하다. 만일 경계선을 '안 된다' 혹은 '하지 마라'와 같은 부정적인 말로만 표현한다면 아이는 강제로 통제당하는 것 같아 반항하고 싶어진다. 계속되는 '안돼'라는 말은 말 그대로 용납할 수 없다는 뜻이며 '우리는 서로 반목한다'는 메시지를 전하므로 반감을 품기 쉽다.

경계선이란 긍정적인 말로 표현할 때 좀 더 효과적이다. 예를 들면 "모두 다 청소하는 걸 도와주어야 해", "저녁 6시까지는 돌아와라", "공놀이는 마당에서 해라" 등이다. 물론 의도를 분명히 전하기 위해 부정적인 말을 쓸 때도 있다. "때리지 마라"와 같이 말이다.

규칙을 눈에 잘 보이는 곳에 붙여놓으면 계속해서 보지 않아도 확실하게 스며든다. 심지어 글을 읽지 못하는 어린아이에게도 도움이 된다. 또는 이것을 그림으로 표현한다면 글을 읽지 못하는 아이도 무슨 뜻인지 이해할 수 있다. 규칙을 글이나 그림으로 나타내면 아이는 이를 객관적으로 받아들여 마찰이 줄어든다. 어른 역시 아이가 규칙을 지키지 않을 때 감정적으로 받아들이지 않게 된다. 시간이 지나면 어떤 규칙은 개선되고 또 어떤 규칙은 폐지되기도 한다. 한 청소년 모임의 규칙을 소개하겠다.

■ 축구팀 행동 강령

우리의 규칙

- 서로 존중하자
- 서로 돌보자
- 순서를 지키자
- 예의 바른 말을 사용하자
- 건물과 장비를 소중하게 다루자
- 쓰레기는 쓰레기통에
- 사용 후 깨끗이 정리하자
- 사용하는 탁자 위에 앉거나 올라가지 말자
- 자전거는 건물 밖에
- 실내 축구는 실내용 공으로

제재 사항

- 옐로카드 1회 - 경고
- 옐로카드 2회 - 1주일 출입 금지
- 레드카드 - 2주일 출입 금지

경계선을 돌파하는 게
남자아이에겐 놀이이다

어떤 경계선은 변할 수 없지만 또 어떤 것들은 재고의 여지가 있다. 무엇이 그런지 또 왜 그런지 이야기해주는 것이 아이에게 도움이 된다.

아이가 거칠고 떠들썩한 놀이를 해도 괜찮은지 물어왔다. 그럴 때 어른은 누군가 다칠 수도 있는 놀이는 하지 않았으면 좋겠다고 말할 수 있다. 혹은 사람들이 좀 적게 모이고 분위기도 조용할 때라면 해도 괜찮겠다고 일러준다. 이렇듯 재고의 여지가 있다면, 아이들에게 예의바르고 이성적으로 행동할 때 하고 싶은 일을 할 수 있다는 사실을 알려준다.

하루 한 시간만 텔레비전을 보는 규칙이 있는 어느 가족이 있다. 학교에서 안 좋은 기분으로 돌아온 아이가 텔레비전을 켰다.

"하루 한 시간만 텔레비전 봐야 하는 것 알지?"

아이는 아무런 대답도 하지 않았다. 프로그램이 끝나는 소리가 들리자 엄마가 텔레비전을 껐다. 아이는 자기가 좋아하는 프로그램이 그날 밤늦게 방영한다는 걸 기억해내고는 갑자기 화를 내기 시작했다.

"오늘 무슨 일이 있었니? 그렇게 소리를 지른다고 보고 싶은 프로그램을 볼 수 있는 건 아니지. 일단 텔레비전을 끄고 이 문제를 이야기해보자."

아이가 텔레비전을 끄고 진정하면 이야기를 한다.

"엄마도 그게 네가 좋아하는 프로그램이라는 걸 알고 있어. 그리고 우리 집 규칙은 하루 한 시간만 텔레비전을 보는 거고. 한번 생각을 해보자. 어떻게 해결할 수 있을까? 그 전에 네가 흥분을 가라앉히고 예의 바르게 군다면 엄마도 네 말에 귀 기울여 줄 거라 약속할게."

아이의 나이가 어리다면 문제를 해결하도록 엄마가 도와줄 수도 있다. 좀 더 큰 아이라면 먼저 좋은 생각이 있으면 말해달라고 물어본다. 이럴 때를 위해 다음날 텔레비전 시간을 미리 당겨쓰는 규칙이 있으면 좋다. 그렇지만 보고 싶은 텔레비전 프로그램을 매주 적어놓으라는 방식은 좋지 않다. (더 자세한 문제 해결 방식은 6장을 참고하자)

가족의 가치 안에 경계선을 포함하자

가족은 같은 경계선을 적용하는 가장 쉬운 공동체이며, 가족의 가치 안에 경계선이 포함되면 실행하기가 더 쉽다.

경계선은 아이가 자라면서 바뀔 수 있다. 아이가 더 많은 자유와 책임을 질 준비가 되었는지 확인해서 적용하는 것이 중요하다. 경계선은 나이와 밀접한 관계가 있다. 다섯 살 먹은 아이를 열한 살 먹은 아이와 같은 시간에 자도록 할 수는 없다. 마찬가지로 열한 살 먹은 아이 입장에서는 다섯 살 먹은 아이와 자신이 똑같은 대우를 받는 걸 납득할 수 없다!

경계선은 적용된 이후에는 변치 말아야 한다. 그래야만 그 경계선이 확고하다는 것을 아이들도 받아들이게 된다. 일정치 않게 적용된다면 아이는 기회가 있을 때마다 한계를 시험하려 할 것이다. 평소에는 견고하게 유지하다가 특별한 경우에만 융통성을 두는 것이, 평소에 느슨하다가 어른의 상황에 따라 갑자기 엄격하게 적용하는 것보다는 훨씬 낫다.

모든 어른은 허용할 수 있는 아이의 행동수준에 조금씩 다른 관점을 가지고 있다. 혼란을 피하기 위해서는 어른들이 먼저 경계선 문제를 의논하고 합의해야 한다. 때때로 경계선은 사람과 장소에 따라 달라지기도 한다. 예를 들어 시끄러운 소음은 평소에는 안되지만 어떤 상황에서는 받아들여질 수 있다. 장난감 총은 집 안에서는 괜찮지만 길거리에서는 곤란하다. 아이에게 이러한 차이점을 분명히 알려준다.

때때로 아이들은 어른들이 잘하는 일은 무시하고 실수만 지적한다고 말한다. 아이가 나쁜 행동을 할 때만 주목한다면 결국 그 아이는 주의를 끌려고 나쁜 행동만 하게 될 것이다. 아이에게는 규칙을 지키는 것에 대한 보상이 필요하다. 어른은 아이가 정해진 경계선을 지킬 때 제대로 보상해주어야 한다.

"폴, 순서를 지켜줘서 고맙다."

"약속한 시간에 맞춰 집에 돌아오니 기쁘구나."

"아무 문제 없이 숙제를 해내다니 대단하구나."

"짐을 돌봐주는 걸 봤어. 참 친절하구나."

"모든 사람이 애써준 덕분에 일을 잘 마칠 수 있었어. 정말 감동했다."

10대 사춘기가 가까워지면 아이는 말의 숨은 뜻에 민감해진다. 고맙다는 말을 진심으로 하고 태도를 절제하면 당혹스러운 순간을 피할 수 있을 것이다. 10대 아이는 쿨하게 보이기를 원하고 친구가 규칙을 잘 지킨다고 칭찬받으면 자신은 뭔가 다른 것을 보여주고 싶어한다. 여럿이 모여 있으면 공개적으로, 혼자 있으면 개인적으로 칭찬하라. 때때로 엄지손가락을 추어올리거나 하이파이브 같은 긍정적인 몸짓도 좋다.

목소리에 권위를 실어준다

목소리의 높낮이도 중요하다. 아이는 단호하지만 공격적이지 않은 어조에 가장 잘 반응한다. 이따금 내비치는 분노는 효과적이며 이번에는 심각하게 도를 지나쳤다는 메시지를 전달한다. 그러나 어른이 너무 자주 화를 내면 아이는 별로 신경을 쓰지 않고 그저 견뎌야 할 일상이 되거나 심지어는 또 다른 재미있는 상황이 되어버리기도 한다.

어른이 제대로 말을 못하면 아이는 어른을 무시하기 일쑤다. 아이가 무시할 때는 목소리를 '변화'시키는 것도 좋은 방법이다. 목소리의 높낮이를 조절하고 좀 더 묵직한 목소리로 말해보자. 똑같은 단어를 사용하더라도 내용이 명확해져 아이는 시키는 대로 하게 된다.

한 선생님이 교실 바닥에 온통 먹고 난 과자 봉지가 흩어져 있는 것을 보았다. 교사는 쓰레기통을 자기 앞에 가져다 놓고 큰 목소리로 소리쳤다.

"각자 쓰레기 다섯 개씩을 주워 쓰레기통에 넣자!"

선생님의 목소리는 친근했지만 단호했고 모든 아이가 자기 이야기를 다 알아들을 때까지 같은 말을 반복했다. 3분 후에 바닥은 깨끗해졌다.

규칙을 무시하는 아이를 움직이는 한마디

남자아이는 본능에 따라 경계선을 넘고 싶어한다. 어른은 이를 감정적으로 받아들이지 말고 경계선이 무엇인지 객관적이고 분명하게 일깨워준다.

✗ "너한테 그만 자러 갈 시간이라고 말하기도 이제 지긋지긋하다!"

〇 "자기로 약속한 시간은 9시다."

✗ "폴, 그만 이기적으로 굴어. 이제 앰버 차례잖아!"

〇 "폴, 이제 앰버가 할 차례다."

아이는 어른이 꾸짖으려고 질문하는 것을 눈치채면 거짓 대답을 하거나 자신을 방어한다.

나무라는 질문	방어적인 대답
"누가 이런 일을 했어?"	"내가 안 그랬어요!"
"지금 무슨 짓을 하는 거야?"	"아무 짓도 안 했어요."
"왜 그런 짓을 했어?"	"그냥 어쩌다 보니 그렇게 됐어요."

질문을 할 때 다음과 같은 말이나 표현으로 바꾸면 더 효과적이다.

✗ "누가 이런 일을 했어?"

◯ "나는 어질러진 게 다 치워졌으면 좋겠구나."

◯ "누가 이런 짓을 했는지 솔직하게 말해주었으면 좋겠어."

✗ "왜 그런 짓을 했어?"

◯ "너도 우리 규칙이 무엇인지는 알 거야. 그러니 규칙을 어긴 것에 대한 벌칙이
무엇인지도 잘 알고 있을 거라 생각해."

진지하게 목소리를 가다듬어 질문의 의도를 보여준다.

✗ "지금 무슨 짓을 하는 거야?"

◯ "굉장히 재미있는 일이 있었던 것 같구나. 그래, 무슨 일을 하고 있었니?"

✗ "어떻게 그런 일을 할 수가 있지?"

◯ "이런 일을 하다니 너답지 않구나. 뭐가 문제였니?"

이러한 질문은 어른이 아이를 좋게 본다는 의미로 아이는 좀 더
성실하게 대답하게 된다.

남자아이에게는
시간이 필요하다

한 10대 아이에게 '어른이 남자아이에 대해 알아야 할 가장 중요한 것'이 무엇인지 물어 보았다.

"우리에게는 시간이 필요해요."

남자아이에게는 주어진 일을 생각하고 스스로 결정하기 위해 약간의 시간과 공간이 중요하다. 이것을 '준비 시간take-up time'이라고 부른다. 아이에게 어떤 일을 부탁할 때는 그 말만 하고 시선을 다른 곳으로 돌리거나 아예 아이를 혼자 남겨두고 준비 시간을 준다. 아이가 자신만의 시간과 공간을 확보했다고 느끼면 쉽게 부탁에 응할 것이다. 만약 아이가 통제당하거나 잔소리를 듣는다고 느끼면 자신도 모르게 반항할 마음이 들게 된다. 아이에게 시간을 내어준다는 의미는 아이를 믿고 있다는 메시지를 전달하는 것이다.

아이들은 경계선을 돌파하는 걸 일종의 유희라고 생각한다. 그에 대한 제재를 감수하는 것도 이 유희의 일부이다. 경계선을 넘다가 발각되었을 때 공정하게 처리된다면 아이들은 이를 '당연한 일'로 인정한다. 그렇지만 하지도 않은 일로 누명을 쓴다면, 혹은 누명을 쓴다고 느낀다면 바로 툴툴댈 것이다. 규칙을 자주 지키지 않는 아이들이 이런 모습을 자주 보이는데 자신을 방어하고 싶어 하는 것이다.

특히 남자아이는 여자아이를 편애하는 어른에게 예민하다. 여자아이와 남자아이는 각기 다른 방식으로 경계선을 넘나든다. 여자아이는 보통 경계선 밖으로 슬쩍 한 발자국을 내밀어 볼 뿐이라 거의 주의를 끌지 않는다. 남자아이는 좀 더 직접적으로 선을 넘으며 행동한다. 사실 경계선이 만들어진 이유도 이런 남자아이의 행동 때문이다. 그렇지만 일단 경계선이 정해지면 남자와 여자 모두에게 적용되어야 하고, 적용되는 것처럼 보여야 한다.

특별 수업에서 서커스 시범을 하던 날이었다. 지도교사는 두 남자아이가 앉아서 잡담하는 걸 보았다. 교사는 아이에게 참여한 사람은 모두 연습을 해야 한다고 말했다. 그래도 참여하지 않자 교사는 물었다.

"함께 서커스 기술을 연습할까, 아니면 나갔다가 7시에 공연할 때 다시 돌아올래?"

아이들은 우물쭈물하다가 퉁명스럽게 말했다.

"이건 공정하지 않아요. 선생님은 항상 우리한테만 뭐라 그러잖아요!"

지도교사는 이게 남자아이가 보는 관점이라는 걸 알아차렸다. 교사는 구석에 가만히 앉아있던 한 여자아이에게 말했다.

"루시, 일단 여기 참가했으면 같이 연습해야 해. 함께할 거니, 아니면 나중에 7시에 다시 올래?"

루시는 잠시 생각하더니 자리를 뜨며 말했다.

"그러면 전 이따가 다시 오겠어요."

지도교사는 다시 두 남자아이에게 갔다.

"자, 이제 너희는 어떻게 할래? 서커스 연습을 할까, 아니면 7시에 다시 만날까?"

아이들은 놀란 표정으로 루시가 돌아가는 모습을 바라보았다. 지도교사는 아이들이 루시를 부러워한다는 것을 알고 그 뒤를 따라가리라 예상했지만 놀랍게도 아이들은 그대로 남아있기로 했다. 그들은 즉시 연습에 참여했고 10분쯤 후에는 자신의 기술을 봐달라며 지도교사를 찾았다.

공정함이란 어떤 면에서는 개인적인 원한을 갖지 않는 모습이다. 일단 남자아이를 꾸짖은 후에는 그 이야기를 더는 꺼내지 않는 게 좋다. 화제를 다른 쪽으로 돌리는 것도 좋은 방법이다. 아래와 같이 말이다.

"자, 그러면 그 이야기는 이제 그만 끝내자."

"그럼 그 문제는 그렇게 하도록 하지. 카누 타는 건 어땠니?"

"자, 이제 내가 어떤 기분이었는지 너희도 알겠지? (잠시 말을 멈춘다.) 어쨌든 나는 너희를 만나게 되어 다행이다. 체스 대회에서 좋은 성적을 거두었다고 들었는데 나도 좀 축하해주고 싶었거든."

특별한 경우 아이를 설득하는 대화법

특별한 경우 공정함과 지속성을 무시해야 할 때가 있다. 그럴 때 판단의 근거를 설명해주면 일이 잘 처리된다. 용돈에서 이발비를 해결하기로 한 아이가 이발비를 달라고 한다. 보통 때에는 다음 달까지 기다리라고 하겠지만, 특별한 경우에는 학교 공부를 충실히 잘했으니 그 '상'으로 이발비를 준다고 말할 수 있다.

누나는 항상 밖에서 늦게까지 논다고 불평하는 남동생이 있다. 이럴 때 감정을 읽어주고 이유를 말해준다. 누나는 항상 놀기 전에 먼저 숙제를 다 마치고 약속한 시간에 집으로 돌아온다. 만약 너도 그렇게 한다면 밖에서 더 늦게까지 놀 수 있다고 말이다.

가끔은 그 자체만의 논리가 있는 경우도 있다.

쨍그랑하는 소리와 함께 열네 살 먹은 스티븐이 얼굴이 하얗게 질려 들어와 숨을 헐떡이며 말했다.

"어쩌죠. 제가 그랬어요. 제가 유리창을 깨트렸다고요!"

어른은 스티븐과 친구들에게 해결책을 제시했다. 한 아이는 깨진 유리창 파편을 치우고 또 다른 아이는 두꺼운 종이를 찾아 일단 깨진 부분을 막는다. 세 번째 아이는 유리창 고치는 이웃을 찾아가 상황을 살펴봐 달라고 부탁한다. 스티븐의 친구들이 어른에게 물었다.

"왜 스티븐에게 화를 내지 않는 거죠? 유리창을 깨트린 건 스티븐이잖아요. 그리고 그보다 훨씬 덜한 일 가지고도 화냈었잖아요."

어른은 인정했다. 하지만 그전에 스티븐은 항상 "그건 내 잘못이 아니에요!"라고 했지만 오늘은 스스로 유리창을 깨트린 것을 인정했고 사과의 뜻도 분명히 전했다. 그러니 더 화를 낼 필요는 없다고 설명했다. 아이들은 고개를 끄덕거리더니 각자 부탁받은 일을 하러 자리를 떠났다.

이웃사람이 도착했고 대략 30파운드에 새 유리창을 끼울 수 있다고 말했다. 모든 상황이 정리되자 어른은 스티븐에게 한마디 더했다.

"어쨌든 유리창을 깨트린 건 스티븐이니까 새 유리창 비용은 스티븐의 몫이 아닐까?"

스티븐은 자기 부모님에게 이 일을 말하지 않는다는 조건으로 매주 5파운드씩 갚겠다고 제안했다. 어른은 그 제안을 받아들였고 이후 6주 동안 스티븐은 신문 배달을 했고 주급을 받으면 찾아와 빚진 돈을 갚았다.

아이의 부모에게 그 아이가 한 일을 이야기할지 안 할지, 한다면 언제 이야기할지 결정하는 것은 매우 민감한 문제이다. 이는 아이의 나이와 사건의 심각성, 아이의 반응에 좌우된다. 만일 부모도 이 사실을 알아야 한다고 생각된다면 아이에게도 이야기한다. 스스로 자신의 처지를 말할 수 있도록 아이의 집에 함께 가는 것도 좋은 방법이다.

문제는 아이가 아니라 행동이다

아이가 경계선을 넘으면 보통 그에 대한 제재가 뒤따른다. 제재의 목적은 벌을 주는 게 아니라 앞으로 겪어야 할 사회적 도덕적 행동을 알려주는 것이다. 제재할 때는 이점을 염두에 두어야 한다.

부모들은 대부분 극단적인 감정에서 제재를 가한 경험이 있을 것이다. 이럴 때 아이는 극도의 피로감과 초조함, 불만과 분노, 질투와 절망감을 느낀다. 아이가 이런 심각한 반응을 보이면 부모는 종종 나중에 후회할 말이나 행동을 하기도 한다. 이러한 상황에서는 어떤 말과 행동을 하기 전에 잠시 한 발 뒤로 물러선다. 그 짧은 시간이 종종 반목과 협조라는 차이를 만들어낸다.

"거기서 꼼짝 마!" 이런 말은 하지 말자. 남자아이는 개인적으로 잘못을 지적해줄 때 가장 진심으로 반응한다. 공개적인 비난은 아이에게 모욕감과 상처를 남길 뿐이다. 아이는 자신의 체면을 지키기 위해 '그런 건 신경 쓸 필요조차 없다'는 태도를 보이기도 한다. 규율이란 상황에 적절해야 하고 공정해야 한다. 또 지속해서 적용해 권위가 있어야 한다.

규율이란: 공정함·적절함·지속성·권위

아이에게 제대로 규율을 알려주기 위해서는 처벌이 아닌 결과로 제재해야 한다. 아이가 방을 어질러 놓았다면 치우게 한다. 아이가 5분 늦었다면 다음에는 5분 일찍 오게 한다. 아이가 무엇인가를 망가트렸다면 사과를 하거나/고치게 하거나/직접 그 비용을 책임지게 한다. 아이가 옷을 아무 곳에나 벗어 놓으면 빨래를 해주지 않는다.

'결과'로 책임을 물으려면 때로 더 깊은 생각과 관찰이 필요하다. 아이는 자신이 선택한 것의 결과에 더 큰 책임을 느낀다. 장기적으로는 선택의 결과를 직접 확인하게 하는 것이 규율을 가르치는 데 드는 시간을 줄일 수도 있다. 어떤 경우에는 행동에 따른 결과 자체가 교훈이 되어 더 이상의 가르침은 필요치 않을 때도 있다. 물건 나르는 일을 돕지 않은 아이가 잠시 후 차를 태워달라고 부탁했다. 이럴 때에 '너는 내 말을 듣지 않으면서 왜 나만 네 말을 들어주어야 하느냐'고 타박하지 말자. 대신 '전에 나를 도와주지 않았기에 이번에는 나도 너를 도와주고 싶지 않다'고만 말한다.

아이가 자신이 한 행동의 결과를 깨닫도록 조금 시간을 두었다가 가르침을 주는 것도 좋지만, 가끔은 사전에 미리 경고하는 것도 나쁘지 않다. 그렇지만 경고는 자칫 위협으로 변질되고 아이는 그것을 무시해도 될지 아닐지 금방 알아차린다. 그러니 실행할 수 없는 위협은 하지 않는 게 좋다. 대신 아이의 나이에 따라 원하는 바와 경계선을 다르게 적용한다.

두 살짜리 남자아이가 집 근처 놀이터에서 집에 돌아가지 않겠다고 떼를 썼다. 엄마는 아이에게 혼자서 가버리겠다고 말하고는 놀이터 저편에 숨어 버렸다. 이제는 말을 듣겠거니 기대하고 돌아와 보니 아이가 없어진 게 아닌가! 기겁한 엄마는 놀이터를 헤매다가 놀이터 밖 공원입구 쪽에서 다른 부부와 함께 있는 아이를 발견했다. 그 부부는 공원입구 쪽으로 가는 아이를 발견했다고 했다. 아이는 엄마가 집으로 가버린 줄 알고 혼자서 집을 찾아가려던 것이다. 아이를 겁주려고 위협한 일이 자칫하면 큰 사고로 이어질 뻔했다.

이 위협은 남자아이가 열두 살쯤 되면 다르게 적용된다. 아이는 아빠와 쇼핑을 나갔다가 약속한 시간에 차에서 만나기로 했다. 헤어지면서 아빠는 만일 제시간에 오지 않으면 그냥 차를 몰고 돌아갈 것이고 그러면 집까지 걸어와야 한다고 경고했다. 아이는 약속한 시간보다 늦게 돌아왔고 아빠와 차가 없는 것을 보았다. 아이는 약속을 지키지 않은 결과 5킬로미터를 걸어왔고, 아버지가 무엇인가를 말하면 그건 정말이라는 교훈을 배웠다. 예상치 못한 다른 결과는 아이의 독립심을 발견한 거였다. 그날 이후 아이는 종종 재미삼아 집까지 걸어가도 되느냐고 묻기까지 한다.

제재의 방법: 잘못된 행동·아이의 나이·일정 시간

우리는 의도한 교훈을 가르치기보다 그저 위압적인 제재만을 가하는 실수를 종종 저지른다. 이러한 제재나 처벌이 지나치면 아이가 가졌던 양심의 가책은 이내 반항으로 바뀐다. 제재가 길어질수록 반항심도 자라난다. 아이의 입장에서 상황이 명예롭게 정리될 것 같지 않으면 자존심을 지키려고 대화를 중단하고 등을 돌려버릴 수도 있다. 처벌로 행동이 나아지는 게 아니라 더 나쁜 행동을 하는 것이다.

댄 킨들런과 마이클 톰슨은 《아들 심리학Raising Cain》에서는 학교에서 적절하지 않은 행동을 하는 열세 살 남자아이의 이야기를 들려준다. 아이는 무례하고 거친데다 게으르기까지 했다. 아이가 잘못할 때마다 그의 부모는 아이가 좋아하는 일을 하지 못하게 막았다. 텔레비전 보기와 외출하기, 친구들과 놀기와 컴퓨터 및 전화기 사용을 모두 금지했지만 아이의 행동은 전혀 나아지지 않았다. 사실은 더 나빠졌다. 그러자 부모는 아이의 방에서 물건을 하나씩 치우기 시작했다. 오디오와 게임기, 좋아하는 포스터 등을 다 치워버리니 결국 남은 건 침대와 책상, 의자뿐이었다. 물론 아이의 행동은 전혀 달라지지 않았고, 그동안 아이와 부모의 대화는 완전히 단절되었다.

가족 상담 전문가인 켄 루터는 외출 금지 벌칙을 마구잡이로 적용한 10대 여자아이의 이야기를 들려준다. 잘못한 일마다 외출금지를 하다 보니 결국 벌칙을 모두 더하면 열여덟 살이 될 때까지 집 밖으로는 한 발짝도 나갈 수 없게 되었다. 이런 벌칙은 실행이 불가능하기에 누구나 무시하고, 전혀 효과를 거둘 수 없다.

이 두 이야기는 모두 지나친 제재의 위험성을 보여준다. 제재의 기간을 정하면 아이는 새로 시작할 기회를 얻을 수 있고, 어른은 필요한 때 제재를 다시 사용할 수 있다.

감정적이지 않고 공정하게 제재하는 한마디

✗ "네가 그 막대기를 가지고 놀 때 이렇게 될 줄 알았어! 그 막대기 이리 내! 집 안에서 다시는 가지고 놀지 못하게 할 테다!"

⭕ "그 막대기로 동생을 때린다면 멀리 치워버리겠다."

⭕ "결국 그 막대기로 동생을 때렸구나. 내일까지는 내가 보관하겠다."

✗ "도대체 지금이 몇 시야? 우리가 얼마나 걱정했는지 알아? 이제부터 더는 친구와 외출은 없다! 이번 학기가 끝날 때까지는 꼼짝 못 할 줄 알아!"

⭕ "한 시간이 늦었구나. 내일은 친구들과 외출 금지다. 다음에 외출할 일이 있으면 꼭 시간을 지켜라."

✗ "우리 모임에서는 너 같은 아이는 필요 없어. 당장 여기서 사라지고 다시는 돌아오지 마."

⭕ "일주일 동안 모임에 출입 금지다. 규칙을 잘 지킬 결심이 서면 언제든 다시 돌아와도 좋아."

✗ "어서 네 방으로 돌아가. 그리고 저녁 먹을 때까지 나오지 마!"

⭕ "네 방으로 가서 마음 좀 진정하고 있어라."

지킬 수밖에 없는 규칙을 만들어라

규칙과 제재방법을 아이와 함께 의논하면 규칙을 지키는 일이 훨씬 쉬워진다. 아이는 종종 어른의 예상보다 더 가혹한 방법을 생각해내기도 한다!

여덟 살짜리 루칸은 매사에 거칠고 말을 잘 듣지 않았다. 몇 개월 동안 할아버지 할머니조차 아이에게 놀러 오라는 말을 하지 못할 정도였다. 그러던 어느 날 루칸이 다시 할아버지 집을 찾아갈 결심을 하자 루칸의 엄마는 아들과 대화를 나눴다. 엄마는 아들이 예의 바르게 굴기를 바랐고 다른 사람들 앞에서 아이에게 잔소리하고 싶지도 않았다. 루칸에게는 이러한 일들을 해결할 대책이 있을까?

"내가 만일 엄마라면요, 누가 그렇게 말을 안 듣거나 예의 없이 굴면 용돈을 안 줄 것 같아요."

그래서 '벌금제'가 시작되었다. 루칸이 말을 안 듣거나 거칠게 나오면 "벌금 계산을 시작해야겠구나." 하고 말했다. 아이의 행동이 즉각 달라지지 않으면 주말에 받을 용돈에서 벌금을 제했다.

루칸이 나이가 들어가자 벌금의 액수가 증가했다. 열 살에는 1회 벌금이 10펜스, 그리고 열네 살이 되자 1파운드가 되었다. 물론 사전에 항상 경고가 있었고 집안일을 도우면 벌금을 감해준다는 규칙도 곁들였다.

꼭 지켜야 할 것처럼 보여 적절한 제재를 선택하지 못할 때도 있다.

수영에 재능이 있는 한 아이가 새어머니의 손에 이끌려 아침 일찍 수영 연습을 하게 되었다. 부모의 이혼에 상처를 받은 아이는 둘만 있을 때면 종종 새어머니에게 무례하게 굴었다. 중요한 선수권 대회를 앞두고 매일 연습이 필요하다는 사실을 알고 있었지만 새어머니는 아이에게 이렇게 말했다.

"오늘 한 번만 더 내게 못된 소리를 하면 내일부터는 수영장에 데려가 주지 않을 거야."

이제 아이는 자신의 행동을 책임을 져야 한다. 만일 계속해서 무례한 행동을 한다면 이번 연습 기간을 놓치거나 시간을 다시 조정해야 한다.

규칙이 제재를 더 쉽게 만든다

제재 방식을 선택할 때는 자신이나 다른 사람에게 문제가 되지 않도록 주의해야 한다. 만일 소풍을 갈 계획이었는데 아이가 그 전에 좋지 않은 행동을 했다면 소풍에 데려가지 않겠다고 말할지도 모른다. 그런 후에야 어른은 아이가 소풍을 가지 않으면 자기도 아이를 돌보기 위해 집에 남아야 한다는 사실을 깨달을 수도 있다. 결정을 내리기 전에 머릿속으로 몇 가지 문제를 확인하도록 하자.

- 아이는 이런 벌을 받을 것임을 알고 있는가?
- 아이가 저지른 나쁜 행동에 걸맞는 벌인가?
- 아이가 빠지면 나머지 사람에게 어떤 영향을 미치는가? 좋은 쪽 혹은 나쁜 쪽?
- 아이를 데리고 가지 않으면 자기 자신이나 혹은 다른 사람에게 문제가 생기는 것은 아닌가?
- 이러한 방식이 아이의 행동을 고치는 데 효과가 있을까?
- 아이에게는 되돌릴 기회가 있는가?
- 더 효과적인 다른 방법이 없을까?

때때로 어떤 행동을 취하기 전에 아이들과 먼저 의논할 수도 있다.

학교 동아리에서 일주일 동안 장기 여행을 계획했다. 그런데 마크라는 아이가 문제였다. 거친 행동을 일삼고 위험하기까지 한 아이었다. 마크도 여행에 참가하겠다고 하자 지도교사들은 당황했고, 어떤 여교사는 마크 때문에 여행을 제대로 할 수 없을 거라고 장담했다. 어른들은 이 문제를 의논하면서 적절한 타협점을 찾았다. 교사 중 한 명이 마크를 찾아가 그가 자기 행동을 제대로 통제할 수 있을지 교사들이 걱정하고 있으며, 같이 여행을 가도 괜찮을지 의심한다고 설명해주었다. 여행까지는 2개월이 남아있다. 그 동안 마크가 자신을 잘 통제한다면 기꺼이 함께 갈 수 있고, 그렇게 안 되면 여행도 갈 수 없다고 말이다. 어른은 아이에게 어떤 행동을 기대하는지, 어떤 행동을 하면 여행을 같이 갈 수 없는지 분명히 알려주어야 한다.

아이에게 벌을 줄 때는 아이가 다른 곳에서 이미 어떤 벌을 받았는지 알아보고 주의한다. 한 아이의 부모가 학교에서 아이가 처벌받은 사실을 알고 크게 화를 내고는 부활절 연휴 내내 외출 금지라는 또 다른 벌을 주었다. 아이는 연휴가 끝나고 새롭게 학기를 시작하는 대신에 불만 가득한 표정으로 학교로 돌아왔다. 아이는 세상 사람 모두가 자기를 괴롭힌다고 생각하게 되었다.

벌을 주는 동안 아이가 아무런 반응도 보이지 않는다면 어른은 더 크게 분노하기도 한다. 그러다가 너무나 쉽게 더 가혹한 규율을 내세우거나 아예 아이를 포기해버리기도 한다. 그렇지만 무반응은 아이가 기분이 몹시 상했다는 표시일 수도 있다. 아이는 어쩌면 절망과 고독감, 상실감을 느끼고 있는 것인지도 모른다. 아이의 모습을 잘 관찰해 이런 모습을 미리 방지해야 한다. 아이에게 필요한 것은 사랑과 위안이다.

말하고 싶은 아이의 입을 막지 마라

우리는 아이가 정직하게 말하도록 도와주어야 한다. 만약 아이가 큰마음을 먹고 이야기를 꺼냈는데, 어른이 질책하고 벌을 준다면 더는 아이에게 어떤 말도 들을 수 없게 될 것이다.

한 아이가 친구들과 함께 스쿨버스 좌석에 낙서하고 다른 친구를 놀린 일을 이야기했다. 이럴 때는 기물을 파손하고 친구들을 괴롭힌 일을 심하게 꾸짖지 말고, 재미있는 일처럼 보여도 그건 남의 물건을 파손하고 친구들을 괴롭히는 일이라고 설명해주어야 한다. 덧붙여 다시는 그렇게 하지 않았으면 좋겠다고 말한다.

벌을 받으면서 가지고 있던 물건을 모두 빼앗긴 남자아이의 모습은 가족 안에서의 의사소통이 어떻게 무너지는지를 보여준다. 이런 심각한 상황에서는 제재하기보다 대화하는 게 낫다. 만약 어떤 아이가 약물을 한다고 치자. 부모가 취할 수 있는 확실한 방법은 집에서 나가지 못하게 하는 것이다. 그러면 아이는 약물을 더 구할 수 없게 된다. 청소년 클럽의 지도교사라면 클럽의 출입을 금지하는 게 확실한 제재일 것이다. 그러면 아이는 다른 아이에게 나쁜 영향을 미칠 수 없게 된다. 이럴 때에도 의사소통은 계속 해야 한다. 아이의 외출 시간을 줄이거나 목적지까지 부모가 데리고 갔다 오는 등 엄격한 경계선을 정해야 한다. 약물에 대한 분별력 있는 대화는 단순한 제재보다 더 긍정적인 영향을 미친다. 아이는 왜 이런 구속을 당하는지 알아야 할 필요가 있으며, 아이의 행동 이 변화한다면 경계선을 차츰 느슨하게 풀어주어 보자. 상황이 돌 아가는 것을 지켜보면서 아이의 품성과 책임감을 키울 방법을 찾 아볼 수 있다.

할로윈데이 밤 9시에 구역담당 공무원인 닉에게 전화가 왔다. 이사 온 지 얼마 안 된 앨런이라는 주민이 할로윈데이 사탕을 받 으러 온 남자아이를 신고한 것이다. 앨런은 사탕 대신 돈을 조금 주었는데 아이가 그에게 달걀을 던졌다고 했다. 지난 몇 달 동안 아이들은 창문으로 그의 집을 훔쳐보기도 하고 초인종을 누르고 도망가기도 했다.

닉은 앨런에게 말했다.

"일단 내게 맡겨 주세요. 내 아들이 열세 살이라 또래 아이를 많이 압니다. 무슨 영문인지 내가 직접 알아보지요."

닉은 관련된 아이들 그리고 그들의 부모들과 함께 이야기를 나누었다. 아이들은 무슨 일이 있었는지 적극적으로 이야기하고 누가 달걀을 던졌을 것이라고 말했지만, 직접 그랬다는 아이는 단한 명도 없었다. 이야기하다 보니 아이들이 다른 집 현관에 달걀을 던지고 또 다른 집 앞에서는 폭죽을 터트렸다는 새로운 사실도 알게 되었다.

한 아이가 입을 열었다.

"그 일은요. 자업자득이에요!"

"뭐라고? 특별한 날이라고 돈까지 준 사람이 달걀에 맞았는데 자업자득이라고?"

아이들은 서로 얼굴을 마주 보았고 한 아이가 말했다.

"우리는 앨런이라는 아저씨가 야한 동영상을 보는 걸 창문으로 봤어요. 그리고 그 고약한 할머니는 우릴 보고 욕을 했다고요."

아이가 가진 도덕관념에 따르면 이러한 행동은 벌을 받아야 마땅했다.

닉은 먼저 아이에게 남의 집 마당으로 들어가 창문으로 집안을 훔쳐보아서는 안 된다고 지적했다. 적절치 못한 행동을 한 사람을 처벌하는 일은 아이의 몫이 아니라는 점도 분명히 했다. 설사 그사람이 아이를 공정하게 대우하지 않았더라도 말이다. 그러자 조시가 말했다.

"내가 그 할머니 집에 달걀을 던졌어요. 가서 사과를 드려야겠어요."

5분쯤 지나 조시가 돌아왔다.

"어젯밤에 달걀을 던진 사람이 나라고 말했어요. 할머니는 사과하러 와줘서 고맙다고 했어요."

그 말에 아이들은 크게 감명을 받았다. 이 일과 아무 상관이 없다던 라이언이 불편한 표정으로 말했다.

"아, 알겠어요. 내가 앨런 아저씨에게 달걀을 던졌어요. 사람을 맞추려고 한 건 아니에요. 그냥 문에 던졌는데 튀어 올라 가슴에 맞은 거라고요."

라이언의 엄마는 즉시 사과하자고 했다. 같이 길을 걸으며 라이언은 닉에게 속삭였다.

"그런데 폭죽은 어떻게 할 건가요? 누가 그랬는지 금방 찾을 수 있을 것 같은데요. 범인은 바로 아저씨 집 안에 있을 거예요!"

집으로 돌아온 닉은 아들을 불렀다.

"마이크, 남의 집 문 앞에 폭죽을 터트린 일과 무슨 관계가 있니?"

마이크는 말없이 어색하게 웃었다. 닉이 말했다.

"그건 아주 위험한 일이었어. 나는 네가 가서 사과했으면 좋겠다."

조시와 라이언이 직접 사과하러 갔다는 말을 들은 후에도 마이크는 닉의 말이 불만스러웠지만 결국 사과 편지를 써서 전해주었다.

이듬해 다시 할로윈데이가 다가오자 닉과 부모들은 아이들에게 달걀과 폭죽을 사용하지 말라고 경고했다. 그날 저녁은 아무 사고 없이 지나갔다.

10대 남자아이를 유혹하는 것들

어떤 경계선은 쉽게 감시할 수 있지만 안 그런 것도 있다. 아이들은 자라면서 금단의 과실에 유혹을 받는다. 어른은 아이가 지혜로운 결정을 내리도록 올바른 가치관을 심어주어야 한다.

《아이들 이끌기Leading Lads》라는 책에서는 사춘기에 접어든 남자아이에 대한 설문 조사가 나온다. 설문 결과에 따르면 천여 명의 남자아이 중 4%만이 아버지로부터 섹스 정보를 배웠으며 11%는 어머니, 그리고 36%는 학교에서 배웠다고 한다. 나머지 49%는 친구나 텔레비전, 비디오나 잡지를 통해 섹스에 대한 정보를 얻었다. 남자아이의 술과 담배의 복용 비율은 점차 높아지고 있지만, 부모가 할 수 있는 적절한 지도는 점점 줄어들고 있다. 불과 30% 정도만이 부모로부터 술과 담배에 관한 정확하고 도움이 되는 정보를 들었다고 대답했다.

어린아이는 또래 남자와 여자의 차이점에 관심을 둔다. 남자아이가 꼭 알아야 하는 성 지식을 알려주는 가장 좋은 방법은 아이의 질문에 다 대답해주는 것이다. 초등학교에 들어가기 전까지 아이에게 필요한 성 지식은 그들의 이해 수준에 맞는 실제적이고 적절한 대답이다. 직접 대답해줄 때마다 아이의 지식은 증가하며 아이들은 더 깊은 관심을 가져도 괜찮다고 안심한다. 이런 질문에 제대로 대답할 자신이 없다면 적당한 다른 어른을 찾아볼 수도 있다.

아이가 성장하면서 질문과 대답은 계속 이어진다. 질문이 너무 개인적이거나 외설적인 쪽으로 흐르면, 정보를 주는 것은 좋지만 개인적인 일은 이야기하고 싶지 않다고 분명히 한다.

10대들은 친구로부터 잘못된 정보를 많이 얻으므로 실제로 도움이 되는 사실을 알려주는 게 제일 중요하다. 진지한 이야기를 나누기 위해 '적당한 때'를 기다리기보다 아이가 하는 농담과 이야기를 통해 먼저 알아차리는 것이 필요하다. 기회를 봐서 아이가 알고 있는 내용을 확인하고 추가적인 정보를 알려주거나 도움이 되는 이야기를 해준다.

표현에도 주의를 기울여야 한다. '동성애'라는 단어는 잘못 사용하면 성 정체성을 이야기하고 싶어 하는 아이를 모욕할 수도 있다. 남자아이가 말하는 성이 모든 사람이 적극적으로 즐기는 것을 의미한다면 섹스에 관해 이야기하는 것과 실제로 일어나는 일 사이에는 차이가 있다고 일러준다. 아이가 사용하는 언어와 개념이 적절치 않다면 농담과 비하는 다르다고 설명해준다.

10대 아이에게 필요한 성교육은 어린 나이에 하는 섹스의 위험과 임신에 대한 위협적인 경고가 아니다. 아이는 관계에 대해, 익숙치 않은 자신의 감정을 어떻게 추슬러야 하는지에 대해 알고 싶어하는 것이다. 남자 어른이라면 자신의 사춘기 경험을 이야기해주면서 남자아이를 안심시킬 수 있고, 여자 어른은 여자아이에게 귀중한 통찰력을 나누어줄 수 있다.

10대 아이가 금지된 일을 안전하게 만나는 법

남자아이는 어느 시점에는 금지된 일을 직접 시도하고 싶어한다. 운이 좋다면 그 일은 술이나 담배 정도가 되겠지만, 운이 좋지 않다면 더 강력한 약물이나 섹스와 관련될 것일 수도 있다. 10대에 알코올의 유혹을 줄이는 가장 좋은 방법은 가정에서 제대로 된 음주 습관을 직접 가르치는 것이다. 예를 들어 주말의 식사 자리는 음주에 대한 책임감을 가르칠 좋은 기회가 된다.

10대 후반이나 20대 초까지는 두뇌가 완전히 성숙하지 않았다. 이때의 약물 복용은 성인보다 더 위험하며 나중에 약물 중독이나 우울증으로 발전하기 쉽다. 유일한 희망은 약물을 시도해보기로 한 아이들이 가급적 빨리 약물에서 손을 떼는 것이다. 이런 아이를 돕기 위해서는 약물에 손대는 일은 용서받을 수 없음을 분명하게 전한다. 또한 정기적으로 이야기를 나누며 약물에 대한 정보를 전달하고 아이와의 관계를 계속해서 유지해나간다.

아이와 약물과 관련된 이야기를 나눌 때 지루한 강의와 섣부른 판단으로 접근하면 아이는 오히려 약물에 관심을 두게 되기도 한다. 아이의 이야기에 귀를 기울이면서 어른의 의견을 이야기해 주는 게 가장 효과적이다. 만약 약물의 위험성을 경고하는 어른이 약물을 한다면 아이는 그를 위선적으로 볼 것이고, 반면에 약물 경험이 전혀 없다면 무시할 것이다. 이에 미리 준비하고 지금의 의견에 대한 사실과 이유를 잘 설명한다. 자신이 모르는 문제는 섣부르게 아는 척하기 보다 아이가 무엇을 알고 있는지 질문하고 확인해서 함께 더 많은 정보를 찾아보기를 권한다.

남자아이가 남자 어른이 되는 길

아이는 10대 후반이 되어도 부모에게 많은 것을 의지하고 정신적으로도 성숙하지 못하다. 그럼에도 아이는 어른처럼 대우받고 싶어하고 어른의 영역에 발을 들여놓지 못하는 것에 대해 혼란스러워한다. 이 나이의 아이에게는 그들의 의견을 물어보는 게 특히 중요하다.

자녀가 넷이고 그중 열일곱 살 난 아들이 골칫거리라는 어머니가 있었다. 어머니의 고민은 아들이 항상 규칙을 무시하고 권위에 도전한다는 것이다. 어떻게 하면 아들의 행동을 막을 수 있을까? 열일곱 살의 아들은 스스로 어른이라 생각하고 가족이 자신의 의견을 받아들이기를 원했지만, 어머니는 아들을 여전히 어린아이로 바라볼 뿐이었다. 그녀에게 아들은 이제 다 큰 어른이니 가정에서 어린 세 자녀를 돌보는 데 도움을 요청해보라고 제안했다. 그 후 아들은 자신이 집안의 큰형 대접을 받고 있다고 만족스러워했다.

부모는 아이에게 자신의 원칙과 생각을 설명하면서 아이의 의견을 들어줄 수 있다. 이런 대화가 잘 이어지면 가족 모두가 만족하면서 아주 바람직한 결과를 얻게 된다.

어른처럼 대우하는 일은 반드시 양방향으로 이루어져야 한다. 거기에는 어른처럼 누군가에게 도움을 줄 수 있다는 기대도 있다. 남자아이는 일단 다 자라면 가정과 사회에 큰 도움이 되므로 아이에게 무언가를 부탁할 때는 그것이 우리에게 도움이 된다는 사실을 분명히 알려준다. 그러면 아이의 책임감과 자존감이 높아질 것이다.

10대 남자아이는 독립심이 무엇인지 배워야 한다. 아이를 차에 태워주는 대신 자전거나 대중교통을 이용하도록 지도한다. 독립심에는 돈을 다루는 방법을 아는 것도 포함되는데, 적은 돈이나마 스스로 벌어 자신을 위해 쓰는 경험을 하도록 도와준다. 아이가 어떤 실수를 저지르면 그 실수에서 무엇인가를 배우게 된다. 10대 시절에 빈털터리로 지내본 경험이 나중에 성인이 되어 생활비가 없어 쩔쩔매는 것보다는 훨씬 낫다. 여기에서는 단호한 태도가 매우 중요하다. 곤란해하는 아이에게 용돈을 미리 당겨준다든가 휴대전화 요금을 대신 내주지 말자. 물론 아이는 가혹하다고 느낄 테지만 이런 원칙은 나중에 독립된 생활을 하는 데 큰 도움을 준다.

아이가 가족과 함께 사는 게 독립해서 사는 것보다 생활비가 적게 든다면, 아이에게 그만큼의 몫을 하게 하라. 어떤 방식이든 생활비를 일부 부담하게 하면 아이의 자존감도 높아질 것이다.

어른이 되고 싶은 남자아이를 인정하기

어른이 되고 싶은 남자아이를 인정하지 않으면 아이는 싸우는 것으로 인정받으려 한다. 이것을 권위에 대한 반항으로 받아들인다면 더 큰 갈등이 생길 수밖에 없다. 반목과 다툼이 계속되면 물리적인 충돌이 발생하기도 한다. 젊은 수사슴은 본능에 따라 늙은 사슴에게 도전한다. 정면충돌이 일어나기 전에 어른이 지혜롭게 막아야 한다.

"어른 대접을 받고 싶으면 먼저 어른처럼 행동해!"라는 말은 반목을 부를 뿐이다. "그래, 이제는 너도 어른 대접을 받을 때가 되었구나. 그러면 앞으로 어떻게 할지 함께 이야기해보자."라고 말하자.

10대 후반에 접어든 남자아이는 다 큰 어른으로 대접해주는 게 옳다. 그렇지만 아이가 새롭게 얻을 자유를 잘 사용하기 위해서는 여전히 경계선이 필요하다. 학교에서의 공부나 수면 시간을 충분히 확보하기 위한 시간 약속도 필요하다. 경계선을 적용하는 이유를 알려주면서 타협을 해나가야 한다. 아직 받아들일 준비가 되지 않은 부분이 있다면 함께 준비해나간다.

"개인적인 감정으로만 받아들이지 말아 주렴. 너희가 파티한다는 걸 말린다는 건 아니야. 어른 없이 너희끼리만 시간을 보내는 걸 받아들일 수 없다는 거야. 아무리 조심하더라도 네 친구 중 누군가는 술에 취하거나 거친 행동을 할 수 있어. 그다음에 어떤 일이 벌어질지는 너도 장담할 수 없잖아. 파티를 열고 싶다면 할 수는 있어. 그렇지만 가까이에 어른이 함께해야 한다는 점은 이해해 주렴."

스무 살이 된다고 갑자기 어른이 되는 것은 아니다

어린 시절의 명확한 경계선, 즉 단호한 원칙과 규율은 인생의 단단한 기반이 된다. 만약 부모와 아이가 감정적으로 잘 통한다면 10대 시절을 별다른 문제 없이 잘 헤쳐나갈 수 있을 것이다. 그렇지만 어떤 가족에게는 이 시절이 매우 힘들 수도 있다. 때때로 이런 상황이 너무 악화되어 더 견딜 수 없으면 당장 눈앞에서 사라지라는 등의 격한 말이 오가기도 한다. 이렇게 아이에게 험한 말을 하면 상황은 더 악화되고 안 그래도 불신과 배신감을 느끼던 아이는 마음을 더욱 닫아버린다.

아이가 완전히 성숙하기 전까지는 필요한 것을 받으며 살아갈 장소가 필요하다. 부모가 이혼하면, 아이는 지금의 가정에서 또 다른 가정으로 옮겨가기도 한다. 어떤 아이는 어렸을 때는 엄마랑 살지만 나이가 들면서 아버지를 찾는 경우도 있다. 새아버지나 새 어머니와의 반목으로 집을 떠나는 경우도 흔하다. 아이가 가정을 옮기거나 부모에게서 독립하고 싶어한다면 상황을 살펴 서로의 계획을 구체적으로 공유하고 실행한다.

모든 사람은 평생에 걸쳐 서서히 성숙해간다. 한편으로 우리 대부분은 10대 시절 후반과 20대 초중반 시절을 기억한다.

"난 이제 다 큰 어른이야. 그렇지만 전혀 그렇게 느껴지지 않아."

성년이 된다고 하룻밤 사이에 책임감 있는 어른이 되는 것은 아니다. 나이를 먹으면서 빨리 성숙할 수도 있고, 성숙의 정도는 상황과 사람에 따라서 모두 달라진다.

《성장이라는 신화The Myth of Maturity》의 저자 테리 앱터는 성장이나 성숙이 빨리 이루어질 것이라는 기대는 금물이라고 경고한다. 열여섯에서 스물다섯 사이의 자녀에게는 감정적인 지원이 필요하다. 자기 일을 잘 처리할 것처럼 보이는 아이조차 그렇다. 속으로는 도움을 청하는 것도 어려워하는 이 시기의 남자아이에게는 성장의 여정을 함께 해줄 어른, 바로 원숙한 남자 어른이 필요하다.

경계선이 어디까지인지 확실하게 알려준다.

• 너무 과하지 않게

• 언제나 단순 명료하게

• 나이에 따라 융통성 있게

경계선을 적용할 때는

• 지속적으로 남녀 아이 모두에게 공평하게

• 남자아이에게는 준비할 시간을 준다.

• 개인적인 감정을 이입하지 않는다.

경계선을 강화할 때는 긍정적인 어조로

• 소리 지르지 말고 침착하게 이야기한다.

• 잘못한 행동은 길게 말하지 않고 경계선을 확실하게 일깨워준다.

• 아이가 올바른 행동을 했을 때는 인정해준다.

의사소통할 수 있는 창구를 열어둔다.

• 아이가 편하게 사실을 이야기하도록 만들어준다.

• 아이에게 의견을 물어보고 생각에 귀를 기울인다.

- 아이에게 섹스와 약물에 대해 정확한 최신 정보를 제공한다.

- 자신의 인생에 대해 중요한 결정을 내릴 때에는 꼭 이야기를 나눈다.

제재란

- 잘못한 행동에 맞춰 적절하게

- 아이의 나이와 성숙도에 맞추어

- 일정 시간까지만

아이가 할 수 있는 일과 할 수 없는 일에 대해 명확한 기준을 가지고 있는가?

아이가 공정하지 않거나 무분별하게 적용된다고 여기는 규칙이 있는가?

아이가 올바른 행동에 더 많은 관심을 두는지 확신할 수 있는가?

아이와 의사소통을 할 수 있는 창구를 어떻게 하면 계속 열어둘 수 있는가?

아이가 경계선을 넘어설 때 적절한 제재 방법이 있는가?

효과적인 제재를 공정하게 일정 시간까지만 적용하고 있는가?

4

엄마의 올바른 피드백이
자존감 높은 아들로 키운다

격려 속에서 자란 아이는 자신감을 배운다.

청찬 속에서 자란 아이는 감사하는 법을 배운다.

인정 속에서 자란 아이는 스스로에 대해 배운다.

_도로시 L. 놀트Dorothy Law Nolte / 교육가

자존감이
아이의 행복을 결정한다

어른이 아이를 다루는 방식에 따라 아이가 자신을 보는 관점도 크게 달라진다. 자신을 긍정적으로 보는 아이는 자신감이 넘치고 만족스러우며 건강하고 성공적인 삶을 누릴 가능성이 크다.

천여 명의 남자아이에게 스스로 느끼는 자존감의 수준과 자존감에 어떤 것들이 영향을 미쳤는지 설문 조사를 했다. 조사에 응한 아이 중 334명은 아주 높은 수준의 자존감을 보이며 자신을 뭐든지 '할 수 있는' 사람으로 생각했고, 167명은 낮은 자존감으로 자신을 뭐든지 '잘 못하는' 사람으로 생각했다.

'할 수 있는' 아이들은 부모를 어떻게 생각할까? 그들은 이렇게 대답했다. 부모는 자신을 사랑해주고, 큰 도움이 되며, 자기의 문제와 생각에 귀를 기울이고, 스스로 결정을 내리도록 격려해주며, 존경할 수 있고, 인생에 대한 지침을 주고, 올바른 규칙을 적용하며, 가족의 모든 구성원을 평등하게 대우한다고.

그에 비해 '잘 못하는' 아이는 부모를 이렇게 생각했다. 자신이 하는 모든 일을 통제하려 하고, 자기를 어린아이로 취급하고 인정해주지 않으며, 매일 혹은 매주 자기와 다툼이 있는 존재라고 말이다.

설문 조사로 밝혀진 위 두 그룹의 또 다른 차이를 살펴보자.

'할 수 있는' 아이의 4%, '잘 못하는' 아이의 43%는 학교를 싫어한다. 우울증에 시달리는 '할 수 있는' 아이는 2%, '잘 못하는' 아이는 31%, 경찰서가 불려 간 적이 있는 '할 수 있는' 아이는 14%, '잘 못하는' 아이는 37%였다.

다시 말해 자신을 뭐든지 '잘 못하는' 사람으로 생각하는 아이의 69%가 학교생활에 문제가 있거나 우울증에 시달리고 경찰 조사를 받은 적이 있다. 이 아이의 11%는 세 가지에 모두 해당한다. '할 수 있는' 아이 중에서 세 가지 모두에 해당하는 아이가 한 명도 없는 것과는 대조적이다. 이 결과에 따르면 자존감이 부족한 아이는 살면서 훨씬 더 많은 어려움을 겪을 가능성이 크다. 이 장에서는 아이가 건강한 자존감을 가지려면 어떻게 소통해야 하는지 이야기한다.

관심을 원하는 아이에게
먼저 관심을 보여준다

세 살 된 남자아이가 있다. 이 아이는 아빠와 함께 차도 마실 수 없고 대화도 나눌 수 없다. 그렇지만 종일 보지 못한 아빠의 관심을 받고 싶어했다. 아빠가 자신을 바라봐주지 않으면 아들은 저녁마다 심하게 투정을 부리고 아빠가 하는 모든 일에 훼방을 놓았다. 아빠는 아이의 이런 모습이 달갑지 않았고 더더욱 엄격하게 대하기도 했다. 어느 날 아들은 "아빠는 나를 싫어해."라고 말하며 아빠를 외면하는 모습을 보였다. 충격을 받은 아빠가 아들에게 말을 건넸다.

"우리 아드님, 오늘 어떻게 지내셨나?"

이 순간 아이의 얼굴이 환해지면서 아빠에게 안겼다. 아주 간단한 일이었지만 이렇게 부자 사이가 바뀌었다. 아들은 사랑과 인정을 받는 사실을 깨닫고는 투정부리는 것을 멈추었고, 아빠는 아빠로서 해야 할 역할을 이해하고 받아들이게 되었다.

아이는 사랑받는지 못 받는지를 금방 알아차리고 반응한다. 이 과정은 아이의 자존감에 중대한 영향을 미친다. 남들이 좋아해 주는 자신이 꽤 호감 가는 사람이라고 생각하는 것이다. 이러한 생각은 곧 행동에 영향을 미친다. 자신을 긍정적으로 생각하면 행동도 긍정적이게 되고, 부정적으로 생각하면 부정적인 행동만 골라서 하게 된다.

편견은 생각보다 일찍 시작된다. 태어나서 100일도 되기 전에 밤에 잘 자는 아이는 '착한 아이', 그 반대는 '문제 있는 아이'가 되기도 한다. 남자아이가 쉽게 울음을 터트리면 '심약한 아이'가 되고 싸움을 마다치 않으면 '공격적인 아이'라는 꼬리표가 붙는다. 이런 식으로 성격을 설명하면 너무나 쉽게 편견을 갖게 해서 진짜 본성을 파악하기 어렵게 된다.

전적으로 부정적인 성격은 없다

대부분 사람은 긍정적이고 부정적인 성격을 모두 가지고 있다. 아니 이 두 성격은 동전의 앞뒤와 같다. 거리낌 없이 솔직하게 있는 그대로를 말하는 사람은 다른 사람의 감정에 무신경하다. 참을성이 많고 다른 이의 잘못에 관대한 사람은 때로는 그걸 유리하게 이용한다. 시내에서 스케이트보드를 타는 아이는 반항적으로 보이지만 멋지고 쿨하게 보일 수도 있다.

아이의 성격에서 긍정적인 면을 찾아내면 아이는 물론 행동까지 긍정적으로 보인다. 겉보기에 부정적으로 보여도 그 이면에는 많은 긍정적인 성품이 숨어있다. 어른이 아이 내면의 좋은 모습을 알아차리고 이야기해 준다면 이해받고 있다고 느낀 아이는 기대에 맞추려 노력하게 된다.

스튜어트는 자신감이 넘치는 아이였다. 생각한 바를 거침없이 말하고 어른과 자신을 동등하게 생각하며 행동했다. 또래는 스튜어트를 좋아했지만 어른들은 시끄럽고 건방지며 비협조적인 아이라고 생각했다.

학교에서 방학을 이용해 영국과 프랑스의 해협을 가로지르는 범선 항해 훈련 계획을 세웠을 때, 스튜어트는 제일 먼저 참가를 신청했다. 참가 비용도 스스로 마련했지만 스튜어트의 아버지는 불안해했다. 전에도 스튜어트의 행동 때문에 휴가를 망친 적이 있었기 때문이다. 사실 스튜어트의 아버지만 불안해했던 것은 아니다. 어떤 부모는 스튜어트가 다른 아이를 위험에 빠트릴 것이라 걱정하기도 했고, 지도교사는 과연 스튜어트를 바다에 던져버리고 싶은 유혹을 참을 수 있을지 염려했다.

그렇지만 스튜어트 할머니의 생각은 달랐다. 그녀는 이 항해로 사람들이 손자의 참모습을 알게 될 것이라고 확신했고 이 생각은 옳았다.

배가 강한 바람 속에서 바다를 가로지르자 아이들은 모두 뱃멀미로 쓰러졌다. 스튜어트는 힘들어하는 동료들을 농담과 노래로 격려하며 이끌었다. 식사시간이면 우스갯소리를 먼저 시작하는 사람도, 쉬는 시간에 카드놀이를 하자고 말을 꺼내는 사람도 스튜어트였다. 아무런 도움이나 지도 없이 열여덟 명분의 샐러드를 준비하는 사람도, 항해를 마무리할 무렵 지도교사에게 감사의 인사를 전한 사람도 스튜어트뿐이었다.

스튜어트의 커다란 목소리, 빠른 재치와 지치지 않는 에너지는 배 위의 생활에 활력을 불어넣었다. 비록 배에 오른 아이 중 가장 어린 축에 속했지만, 스튜어트는 우두머리 역할을 톡톡히 했고 전체적인 사기를 책임지는 사람이었다. 클럽 지도교사가 스튜어트에게 그간의 노력을 치하하자 스튜어트는 이렇게 말했다.

"그 이야기를 우리 아버지에게 해주실 수 있나요?"

긍정적인 성품에 주목하면 긍정적으로 자란다

아이 안에 숨어있는 긍정적인 면을 찾기 어려울수록 긍정적인 성품에 주목해야 한다. 어른에게 예의 없이 구는 아이는 사실 용기 있게 하고 싶은 이야기를 하는 아이다. 다툼에 휘말리는 아이는 정의를 날카롭게 의식하는 아이일지도 모른다. 왠지 교활해 보이는 아이는 결국 영리한 아이라는 뜻이며 거짓말을 하는 아이는 상상력이 풍부하거나 강렬한 생존 본능을 가진 아이일지도 모른다. 물론 이런 광범위하고 관대한 해석이 좋지 않은 행동까지 다 감싸주는 것은 아니다.

모든 성품이나 성격은 이해할 수 있지만 행동만큼은 제약이 뒤따라야 한다. 아이가 문제가 아니라 행동이 문제라는 것을 분명히 하자.

"어떻게 그렇게 건방지게 굴 수 있니!"라고 말하지 말고 "그렇게 말하는 건 매우 무례한 일"이라고 알려준다. "넌 그저 으스대기나 하는 골목대장일 뿐이야. 부끄러운 줄 알아야지!"라고 말하는 건 아이의 감정만 상하게 할 뿐이다. "네가 싫은 게 아니라 네가 친구들을 대하는 방식이 마음에 들지 않는 것"이라고 고쳤으면 하는 구체적인 부분을 알려준다. "난 네가 말하는 걸 하나도 못 믿겠다!"는 말은 아이와의 관계에 금이 가는 말이다. "나도 너를 믿고 싶으니 사실을 말해달라"고 말하자.

아이의 행동에서 동기를 찾다 보면 아이를 이끄는 것이 무엇인지 알게 된다. 하고 싶은 것을 말하기 꺼리는 아이는 사실은 자기가 무엇을 원하는지 모를 수도 있다. 그럴 때는 스스로 원하는 걸

찾도록 도와주자. 새로운 경험을 원하지 않는 아이라면 실패가 두려운 것일지도 모른다. 아이의 장점을 설명해주면서 자신감을 심어주자. 자기 자랑이 심한 아이는 인정받고 싶은 아이니 먼저 칭찬해주고 장점을 인정해주자.

사람들은 누군가가 관심을 끌려고 하면 매우 귀찮게 여기고 무시한다. 이 방법은 때로는 효과가 있지만 대부분은 상황을 더 악화시킨다. 아이가 왜 그렇게 행동하는지 분명하고 깊이 생각하자. 어떤 경우 아이는 정말로 그냥 관심을 끌고 싶어서 그러는지도 모른다! 아이가 다른 사람을 귀찮게 하지 않는다면 어떻게 관심을 끌 수 있겠는가? 해결책은 그렇게 행동하기 전에 먼저 관심을 기울여주는 것이다.

관심을 끌려는 행동은 성가시지만 거기에도 긍정적인 면은 있다. 인간은 어느 선까지는 스스로 필요한 것을 알고 채워야 한다. 아이가 만약 다른 사람의 관심을 얻으려 노력하지 않는다면 어떻게 될까? 결국 혼자서 우울하게 지내게 될 것이다. 그게 훨씬 더 위험하지 않을까? 아이는 일단 필요한 관심을 받으면 그다음부터는 관심을 끌려는 행동도 줄고 훨씬 덜 성가시게 된다. 필요한 관심을 많이 채워주었다가 조금씩 줄인다면 투정부리는 행동을 그만두게 될 것이다.

아이에게 먼저 관심을 보여주는 한마디

어린 여동생을 질투하는 오빠에게 소리치며 혼내기보다는 "네 여동생은 지금 밥을 먹고 그다음에는 자야 해. 동생이 밥을 다 먹으면 함께 누워서 동화책을 읽을까?"하고 함께할 행동을 이야기해준다.

자꾸 자기 자랑을 하는 아이에게는 먼저 칭찬할 꺼리를 찾아본다. "야, 이 플라스틱 모형은 정말 섬세하게 잘 만들었구나. 대단한 기술이야. 깜짝 놀랐다!"하고 말이다.

어떤 아이가 항상 무력하게 보인다면 사람들은 겉으로 보이는 아이의 모습에만 주목할 것이다. 그렇게 자꾸 게으르다는 이야기를 듣는 아이는 결국 무기력해져 아무 일도 하지 않는다. 뚱뚱하다, 날렵하지 못하다는 말을 자꾸 듣는 아이는 남의 시선을 의식해 자신의 신체에 불만을 가진다. 아이의 가장 멋진 모습을 마음속에 그려 바로 그렇게 되도록 아이를 이끌어주자.

그림에 재능이 있지만 제대로 활용하지 못하는 아이에게는 이렇게 말해보자 "아빠는 네가 직접 만들어준 카드를 아주 좋아하셨어. 다음 주 아빠 생일에 카드를 또 만들면 어떨까?" 혹은 "이번 행사를 광고할 포스터가 몇 장 필요해. 좀 만들어 줄 수 있겠니?"

무엇인가를 잘 고치는 아이에게 "이걸 제대로 고칠 수 있는 사람이 아무도 없네. 네가 와서 한번 볼 수 있을까?"하고 아이에게 신뢰를 보여주면 아이는 기대에 부응한다. 학교에서 내준 숙제를 하지 않는 아이에게 "내 생각엔 네가 이 숙제를 아주 잘할 것 같구나." 항상 약속시각에 늦는 아이에게는 "나는 늦는 걸 별로 좋아하지 않아. 앞으로는 집을 나서기 5분 전에 필요한 준비를 미리 다 끝내면 어떨까?" 말을 잘 듣지 않는 아이에게는 "네게 좋은 해결책이 있으리라 믿어. 이리 와서 네 생각을 한번 이야기해보렴." 이렇게 말이다.

크리스는 아주 말썽꾸러기였다. 이웃집에 놀러 가서도 다른 아이와 자주 다투었다. 그렇게 아홉 살이 되자 안 좋은 소문이 나서 엄마들은 크리스를 자기 아이와 어울리지 못하게 했다.

어느 날, 아이들이 놀고 있는데 갑자기 크리스가 잭을 주먹으로 때렸다.

"크리스, 네가 잭을 때리는 것을 봤어. 도대체 무슨 일이니?"

잭의 엄마가 크리스에게 물었다. 크리스는 자기 머릿속에 어떤 목소리가 그렇게 하라고 시켰고 이런 일이 자주 있다고 했다. 잭의 엄마가 말했다.

"그러면 이건 어떨까? 네 머릿속에는 분명 또 다른 목소리가 있을 거야. 그렇지만 그 목소리를 들으려면 주의 깊게 귀를 기울여야 해. 네 한쪽 어깨 위에서는 작은 악마가 잭을 때리라고 속삭이고, 또 다른 쪽 어깨 위에서는 작은 천사가 절대로 그러지 말라고 말해. 네가 천사의 말에 더 귀를 기울일수록 그 목소리는 더 커진단다."

크리스는 이 말에 깊은 인상을 받은 모양이었다. 자기에게 악마 인형이 있다며 비프라고 이름 붙인 맨체스터 유나이티드 축구팀의 마스코트 인형을 가지고 왔다.

일주일쯤 지나 아이들이 마당에 모여 장난을 치다가 갑자기 크리스가 난폭하게 행동했다. 그러자 잭이 크리스에게 "이건 네 잘못이 아니야." 하며 크리스의 어깨 위로 주먹을 날렸다.

"모두 다 저 비프가 시킨 일이지."

이제 아이들은 모두 이런 식으로 장난을 치며 놀았다.

금지하지 말고
원하는 바를 말하라

아이에게 기대가 높다는 것을 분명하게 드러내야만 아이도 기대에 부응하려 노력할 수 있다. 다만 그 기대는 현실적이어야 한다. 노력하지 않는 아이라면 기대를 보이는 게 역효과일 수도 있다. 부모님은 아이에게 누나와 같은 모습을 기대하지만 그게 불가능하다면 어떨까? 아이는 노력했다가 실패하는 대신 그냥 아무것도 시도하지 않는 쪽을 택할 것이다.

아이들은 우리가 무심코 내뱉는 말들을 다 듣고 있다. "그 벽에서 당장 내려와. 떨어져. 다쳐!"라는 경고의 말은 실제로 그런 결과를 가져올 수 있다. 벽 위에서 멀쩡하게 균형을 잘 잡던 아이가 갑자기 불안해져 그만 떨어지고 마는 것이다. 무엇인가 안 좋은 말을 들은 아이는 그 말대로 되어버린다.

어떤 작은 남자아이가 도자기 그릇을 들고 지나가자 신경이 쓰인 부모가 말한다. "떨어지지 않게 조심해. 그건 깨지는 거야!" 물론 떨어트리지 말라고 주의를 시키는 소리지만 아이는 그 말을 듣 자마자 그릇을 떨어트려 버린다. "떨어지지~"라는 말까지는 분명하게 들었는데 "조심해."라는 다음 말이 머릿속으로 잘 들어갔는지는 알 수가 없다.

한번은 교사모임에서 눈을 감은 후 내가 하는 말에 무슨 이미지가 떠오르는지 물었다. "복도에서 뛰어다니지 마!"라는 말에 어떤 모습이 떠오르는가? 많은 교사들이 걷는 것보다는 뛰는 모습이 떠오른다고 대답했다. 사람의 두뇌는 대부분 '하지 마라'와 '해라'를 잘 구별하지 못한다. 어른에게도 어려운 일이 하물며 어린아이에게는 얼마나 어렵겠는가? 금지 사항을 말하기보다는 바라는 바를 말해 아이들이 이해하기 쉽도록 도와준다.

'하지 마!'라고 하지 않고 남자아이를 길들이는 한마디

✗ "늦지 마라."　　　　　　　　　　○ "6시까지 꼭 돌아와라."

✗ "이야기 좀 그만해라."　　　　　　○ "우리 이제 좀 조용히 쉴까?"

✗ "흙 묻은 신발을 신고 집 안으로 들어오지 마라."

○ "흙 묻은 신발은 문 밖에 벗어두고 들어오렴. 집이 더럽혀지지 않게."

✗ "열심히 공부하지 않으면 시험 성적도 좋지 않을 거야."

○ "좋은 성적을 위해 매일 조금씩만 더 노력해보자."

✗ "점심 도시락 가지고 가는 거 잊지 마라."

○ "점심 도시락 꼭 챙겨가."

✗ "이웃에게 무례하게 굴진 않겠지?"

○ "우리 집 식구들은 모두 다 이웃에게 예의 바르게 행동할 거라 생각해."

✗ "넌 이 일에 최선을 다하지 않는구나."

○ "나는 네가 최선을 다하기를 바란단다."

잘못된 칭찬이
아이를 망친다

가정과 학교에서 받는 피드백은 아이의 자아상에 큰 영향을 미친다. 제대로 된 피드백은 긍정적이고 실제적인 자아상을 심어주고, 자신의 장점과 약점을 정확히 파악하도록 도와준다.

칭찬을 많이 받고 자란 남자아이가 있었다. 아이는 열일곱 살이 되자 일을 시작했는데, 직장의 상사들은 칭찬해주는 법이 없다며 어린 시절 칭찬을 듣던 게 생각나 힘들다고 했다. 만약 어렸을 때 칭찬을 많이 듣지 않았으면 지금 이런 일로 고민하지는 않았을 거라는 것이다.

그 말은 들은 부모는 몹시 당황했다. 어린 시절에 칭찬을 많이 해주어야 모진 세상을 버텨낼 자존감이 싹튼다고 생각했기 때문이다. 부모는 나중에야 아들의 진짜 문제를 알아챌 수 있었다. 아들이 들었던 칭찬에는 충분한 정보가 없었다. 어른이 항상 대신 평가하고 무의미하게 칭찬해서 아이는 자신을 평가할 실제적인 방법을 익히지 못한 것이다.

어른은 종종 칭찬으로 피드백한다. "착하구나!", "정말 잘했다!", "네가 최고야!" 같은 말들이다. 많은 아이가 이런 칭찬에 뿌듯해한다. 그렇지만 이런 칭찬이 아이의 명확한 모습을 보여주는 것은 아니다. 아이는 자신이 누구인지, 자신을 그렇게 착하고 뭐든 잘하는 최고의 아이로 만들어준 것이 과연 무엇인지는 알 수가 없다. 이런 칭찬은 실질적인 평가도 되지 못한다. 계속해서 똑똑하다는 말을 듣고 자란 아이는 뭐든 잘해야 한다고 생각해 감당할 수 없는 일은 받아들이지 못한다.

어른이 하는 피드백의 또 다른 방법은 꾸중이나 비난이다. "넌 정말 게으르구나!", "네 방 꼴이 꼭 돼지우리야!", "난 널 더 못 믿겠다." 사람은 나이에 상관없이 이런 말을 들으면 기분이 안 좋아진다. 이런 비난은 사람을 의기소침하게 하면서 구체적인 정보는 전달하지 못한다.

자존감이 높아지는 피드백 대화법

아이가 명확하게 바뀌기를 원한다면 좀 더 구체적인 피드백을 하자.

✗ "착하구나."

○ "다 먹은 그릇들을 싱크대에 치워줘서 고맙구나."

✗ "정말 대단하구나!"

○ "네가 쓴 이 이야기가 정말 마음에 든다. 아주 흥미진진했어."

✗ "이런 짓을 하면 어떻게 하니?"

○ "학교 교과서에 낙서하면 내용을 알아볼 수 없잖아."

자세한 설명과 평가를 합친 피드백은 종종 큰 효과가 있다.

✗ "윽! 얼굴에 온통 음식을 묻혔잖아."

○ "이 스티커 수집품은 정말 대단하네! 이렇게 각기 다른 스티커를 잘 정리하다
니, 좋은 방식이구나."

만일 아이가 자신을 객관적으로 보기 원한다면 때로 설명만 들려준다. 자신을 평가하는 시간이 될 것이다.

"네가 한 답이 모두 맞았구나."

[나는 이 주제에 대해 잘 알고 있다.]

"마당의 잔디가 이제 훨씬 보기 좋네."

[나는 잔디를 잘 깎는다.]

"네 방에 가보니 옷이 온통 바닥에 펼쳐져 있어."

[방을 치우는 게 낫겠다.]

"심부름하라고 돈을 주었는데 거스름돈을 가지고 오지 않았네."

[앗, 그걸 잊어버렸네.]

평가하지 말고
설명해주어라

아이는 이해되지 않으면 계속해서 하고 싶은 대로 한다. "그만 해라. 이 못된 녀석아!"라고 말하지 않고 "사람들 머리를 잡아당기면 아파하니 그만두라"고 구체적으로 이야기해야 한다.

혹시라도 아이와 어른의 의견이 다를 때는 평가 없이 설명만 해주어도 된다. 어떤 아이가 아주 뛰어난 그림을 한 장 그렸다. 그렇지만 아이는 자신이 원하던 만큼의 그림을 그리지 못해 만족스럽지가 않다. 긍정적 평가인 "이것 참 멋진 그림이구나!"라는 말은 "아니, 그렇지 않아요. 이건 엉터리예요!"라는 반응을 불렀고, 아이는 그림을 구겨 바닥에 던져버렸다. 안 그래도 마음에 드는 그림을 그리지 못해 속상한 아이에게 이런 불성실한 평가는 두 번 상처를 준다. 그림을 정확하게 설명하거나 묘사하는 게 아이에게는 더 큰 도움이 될 수 있다.

"정말 색이 아름답구나."

"초록색 위에 노란색을 섞어 그린 게 참 마음에 든다."

"여기 이 모습은 정말로 살아 움직이는 거 같아."

아이는 이런 의견에 짐짓 귀를 기울이다가 자신의 그림을 좀 다른 시각으로 보게 된다.

자신을 낮게 보는 사람은 평가를 겸한 칭찬에 부정적으로 반응하기도 한다. 자신을 '뚱뚱하다'고 생각하는 아이에게 갑자기 '예쁘다', '똑똑하다'고 하면 반발하기 쉽다. '너는 참 착하구나!'라고 말했더니 오히려 고약한 행동을 했다는 아이도 있다. 아이는 교사에게 이렇게 말하고 싶었는지도 모른다.

"선생님이 잘못 본 거에요. 나는 내가 나쁜 아이라는 걸 잘 알고 있어요. 그걸 실제로 보여드리죠."

혹은 이렇게 말할지도 모른다.

"그러니까 내가 착한 아이라서 좋다는 거죠? 내가 나쁜 아이라도 계속 좋아해 줄 건가요?"

이런 경우 아이가 자신에 대한 관점을 바꿀 때까지 긍정적인 증거를 자세하게 설명해주어야 한다. 평가가 아닌 설명을 하는 게 처음에는 어색하기도 하다. 사실 우리는 그렇게 말하는 데 익숙하지 않다. 또 말하기 전에 자세한 사항을 확인하는 게 어렵기도 하다. 관심의 초점을 일반적인 것에서 특별하고 자세한 것으로 돌리기까지 시간이 좀 걸리지만, 결국은 이렇게 피드백을 주는 게 자연스러워질 것이다.

아이가 해야 하는 올바른 행동을 이야기하는 건 긍정적인 행동을 하도록 격려하는 것이다. 그렇다면 하지 말아야 하는 나쁜 행동에 대한 이야기는 부정적인 행동을 부추기는 게 아닐까? 어쩌면 그럴 수도 있다. 아이가 원하는 대로 행동하길 원한다면 아이에게 원하는 바를 이야기하자. 그러면 반드시 그렇게 될 것이다.

작은 소리로 크게 키우는 엄마의 한마디

아이의 행동을 설명하면서 일종의 표식을 붙여주면 아이가 긍정적인 자아상을 갖는 데 도움이 된다.

"침대는 준비되어있고 옷도 잘 정리되었구나. 그리고 책들은 책장에 얌전히 들어가 있고. 이거야말로 잘 정돈된 방이라고 할 수 있지!"

"따로 주의를 시키지 않아도 숙제를 모두 다 했구나. 그렇게 하려면 스스로 잘하려는 마음이 필요한 법인데."

"손님이 찾아왔을 때 자리를 양보해주어서 고맙구나. 예의를 아는 건 요즘에도 참 중요한 일이지."

"자전거를 타다 넘어지면 바보처럼 보인다고 생각하지? 그런데도 다른 사람의 도움을 거절하지 않는 것은 용기 있는 행동이라고 생각해."

"다른 아이가 모두 네가 하는 말을 잘 듣고 있구나. 넌 정말 리더의 자질이 충분해."

"집에 늦게 들어온다는 말을 미리 해주지 않아 실망스럽구나. 그래도 생각해보면 네가 제시간에 들어오지 않은 일은 정말 드물지. 그러니까 무슨 일이 있어도 너를 믿는 거고."

위에서 설명하는 행동에 분명 부정적인 면이 있음에도 긍정적으로 소통했다는 사실에 주목하자. 아이에게 이런 말을 쓴다고 알아듣지 못할 거라는 걱정은 하지 않아도 좋다. 아이들은 사실 복잡한 말을 듣는 것을 좋아하고 어휘력을 늘리는 데도 효과적이다. 아이가 잘한 일을 다른 이에게 이야기하거나 주변에서 들은 칭찬을 아이에게 얘기해주면 아이는 자기도 모르게 으쓱해진다. 모든 아이는 존경하는 어른이 자신을 칭찬해주기를 원한다.

"댁의 아이가 우리 집에 놀러 오는 건 즐거운 일이죠. 언제든지 대환영입니다."

"테일러 씨한테 들으니 네가 학교에서 아주 즐겁게 지낸다고 하더구나. 언젠가 한번 학교로 찾아가서 나도 그 모습을 보고 싶네."

"어제는 할아버지가 뜰에서 일하실 때 많이 도와드렸다는 이야기를 들었다.”

“굽타 아주머니 말이 지난주에 그 집 개가 집 밖으로 나간 걸 네가 찾아서 데려다 주었다며. 아주머니가 정말 고마워하시더라.”

아이가 예전에 잘한 일을 다시 일깨워주어도 좋다.

집안일을 도와주지 않으려는 아이에게는 이렇게 말해보자

“네가 여덟 살 때 가족들을 위해 음식을 차렸었지. 그냥 쉬운 음식으로 차릴 줄 알았는데, 넌 미트 파이를 하겠다며 파이 반죽하는 법을 가르쳐달라고 나를 졸랐단다!”

학교 숙제를 하지 않으려는 아이에게는 잘했던 일을 일깨워준다.

“구구단을 외우려고 애쓰던 때가 기억나니? 몇 주 동안 고생하면서 연습에 연습을 거듭했지. 그러다가 갑자기 눈을 뜬 것처럼 구구단을 다 외우고는 그다음부터는 한 번도 잊어버리지 않았단다!”

부모가 자신을 얼마나 자랑스럽게 여기는지 아이가 아는 것은 매우 중요하다. 그리고 동시에 자신을 자랑스럽게 여길 격려도 필요하다.

“네가 자랑스럽다.”라고 말하는 대신 “너 자신을 정말 자랑스럽게 생각하렴!”이라고 말해보자. “성적이 좋아서 정말 뿌듯하구나. 이번 학기에는 훨씬 더 나아졌어.”라는 것도 괜찮지만 “이번 학기에는 성적이 훨씬 더 올랐구나. 너도 정말 기분이 좋지!” 하며 자신을 긍정하도록 도와준다.

아이가 올바른 행동을 전혀 하지 않아 긍정적인 면을 찾기 어려울 수도 있다. 그때는 아이에게 보고 싶은 행동을 이야기한다. 가장 가까운 시점으로 말이다. 예상치 못한 일이 일어나 우리가 원하는 방향으로 아이가 움직이기 시작할 것이다.

자러 갈 시간인데 움직이지 않는 아이에게는 "이제 자러 가려고?" 하고 말하면 마술처럼 아이가 자리에서 일어선다. 자주 늦는 아이에게 "어제보다는 5분이나 빨리 왔네."라고 하면 다음부터는 좀 더 빨리 움직인다. 글쓰기를 싫어하는 아이에게 "벌써 두 줄이나 썼구나!"라고 격려해주면 계속해서 쓰기 시작한다.

어떤 일에 대한 판단이나 평가가 아닌 그대로 설명하는 일이 처음에는 어색할 것이라는 말은 이미 앞에서 했다. 그리고 때로는 했으면 하는 일과 비슷한 행동을 찾아 설명을 하는 일도 아주 기이하게 느껴질 것이다. 그렇지만 막상 이런 일을 시도해 본 대부분의 엄마들은 그 결과에 놀라곤 한다. 실제로 효과를 본 어느 엄마의 이야기다.

집에 다섯 살 난 아들이 하나 있는데 아침에 집에서 내보내는 게 하루 중 가장 힘든 일이었다. 아침을 제대로 먹으려고 하지도 않고 유치원에 갈 준비도 하지 않는다. 하루는 아침 식탁에 앉기는 앉았는데 언제나 그렇듯 아침밥을 먹으려 하지 않았다. 그래서 엄마는 이렇게 말했다.

"네가 눈앞에 있는 토스트를 보고 있다는 거 나도 다 알아"

그랬더니 놀랍게도 아이는 토스트를 집어 들고는 입 안에 집어 넣었다. 아이가 토스트를 다 먹고 나자 식탁에서 일어섰고 엄마는 아이를 준비시켜 아무런 문제없이 집을 나설 수 있었다. 지난 몇 주 동안 가장 마음 편하게 보낸 아침이었다!

아이가 가장 잘할 수 있는 것을 찾아낸다.

- 아이의 성품에서 긍정적인 측면을 찾아낸다.

- 모든 감정은 다 받아들일 수 있지만 어떤 행동은 제한이 필요하다.

- 아이에게 자신의 잠재력을 펼칠 기회를 준다.

- 아이에 대한 신뢰를 드러낸다.

아이에 대한 기대를 긍정적으로 드러낸다.

- 아이에 대한 기대는 실제적이어야 한다.

- 원하는 바를 명확하고 긍정적으로 이야기한다.

- 원하지 않는 일보다 원하는 일을 이야기한다.

아이에게 긍정적인 자아상을 심어준다.

- 아이가 한 일을 설명해주고 스스로 평가하도록 한다.

- 아이가 어떤 모습인지, 무슨 일을 하는지에 대한 긍정적인 표시를 해준다.

- 아이가 잘한 일은 다른 사람에게 이야기한다.

- 과거에 아이가 잘한 일을 이야기해준다.

- 아이가 바른 행동을 하면 확인해준다.

특별히 아이에게 용납하기 어려운 성격을 파악해보고 그 안에서 긍정적인 측면을 찾는다.

아이에게 싫은 점이 있는가?

만일 있다면, 그 아이에게서 무엇인가 좋아할 만한 점을 찾아본다.

그 아이와 어울릴 때, 좋은 점을 확인하고 다른 것이 더 있는지 찾아본다.

일정 시간 동안 아이 행동의 긍정적인 일을 기록한다.

아이가 성가시게 행동했던 최근의 상황을 생각해본다.

아이가 올바르게 행동할 거라는 어른의 확신을 보여주려면 어떤 말을 할 수 있을까?

긍정적인 기대를 보여주기 위해 다음과 같이 이야기한다.

"말썽을 피우지 않으면 뭐든 같이 할 수 있어."

"내일까지 숙제 내야 하는 것 잊지 마."

"이렇게 어질러 놓은 것을 두고 볼 수 없구나."

정확한 설명의 피드백을 전달한다.

"네가 마침 곁에 있어서 다행이다."

"넌 정말 뛰어난 축구선수야."

"정말 깔끔하지 못하게 먹는구나!"

"그건 정말 불친절한 행동이야."

아래에 아이의 행동을 설명하는 말에 긍정적인 표시를 더해보자.

"시키지도 않았는데 물건을 잘 치웠구나. 그건 정말 ○○하구나."

"이 일이 하기 싫으면서도 돕겠다고 자진해서 나섰구나. ○○한 모습을 보여주었구나."

"친구를 다치게 했지만 바로 여기로 데리고 왔구나. 참 ○○하구나."

아이에 대해 다른 사람에게 이야기할만한 좋은 소식이 있는가? 있다면 누구에게 뭐라고 이야기할까?

지금 아이가 어려움을 겪는 문제를 생각해보자. 아이가 문제를 해결할 때 필요한 자질을 과거에 보여준 적이 있었는가? 과거에 잘한 일은 어떻게 일깨워줄 수 있을까?

아이가 해주기를 원하지만 하지 않는 일을 생각해보자. 아이의 행동 중 우리가 원하는 행동에 가장 가까운 일은 무엇인가? 이러한 모습을 아이에게 어떻게 설명할 수 있을까?

5

엄마의 감성적 어휘가
따뜻한 아들로 키운다

모든 아이는 감정을 가지고 있다.
그런데 남자아이는 종종 감정이 없는 것처럼 다뤄지고
또 자신도 그렇게 행동한다.

_댄 킨들런·마이클 톰슨《아들 심리학Raising Cain》

남자아이는 겁이 나면
부끄러워한다

일반적으로 여자아이는 남자아이보다 언어능력이 빠르게 발달하고 감성적으로도 풍부한 어휘를 쓴다. 이는 남자아이가 여자아이보다 신체 활동에 시간을 더 쓰느라 그만큼 감정을 표현할 기회가 적기 때문이다. 여자아이는 감정을 깨닫는 법을 일찍부터 배우고, 느낌을 말로 설명하는 능력도 같이 계발한다. 그러나 남자아이는 대화가 아닌 몸을 움직이는 활동에 더 익숙해 이러한 기술을 잘 배우지 못한다. 그렇다면 남자아이는 자신의 감정을 어떻게 표현할까? 남자아이는 번잡스럽게 뛰어다니거나 운동을 하고, 휘파람을 불거나 큰소리로 노래를 부르며, 때로는 친구에게 시비를 걸면서 감정을 표현한다.

대부분 남자아이는 남자라면 갖지 말아야 할 감정이 있다고 생각한다. 남자아이는 또래와 가족, 미디어의 영향으로 놀라거나 겁을 내면 진정한 남자로 인정받을 수 없다고 생각한다. '남자는 울지 않는다', '남자답게 행동해야 한다'고 여기는 것이다. 남자아이가 화를 내는 것은 흥분하는 것과 같은 말이다. 누군가 아이를 자극하면 "지금 나 건드리는 거야?"라며 결국 화를 낸다.

어쩔 줄 모르면 신체적인 행동을 하는 아이

1990년대 들어 이른바 '걸 파워Girl Power', 여자의 자주권을 강조하는 현상이 나타났다. 놀이터에서 놀고 있던 아홉 살의 앨런은 자신에게 손가락질하며 "걸 파워! 걸 파워! 걸 파워!"라고 외치는 같은 반 여자아이 세 명을 만났다. 앨런은 여자아이의 입을 다물게 하려면 어떻게 해야 할지 알 수가 없었다. 그러다 여자아이를 꼼짝 못하게 할 방법이 갑자기 떠올랐다. 앨런은 몸을 돌리더니 바지를 내려 벌거벗은 엉덩이를 보여주었다! 여자아이들은 비명을 지르며 도망갔고, 앨런은 그 반응에 만족했지만 놀이터에서 못된 행동을 한 대가로 교장 선생님에게 불려가게 되었다.

남자아이는 흥분하거나 겁이 나면 속으로 부끄러움을 느낀다. 그런 부끄러움은 깊이 숨겨져 있어 아이들에게 큰 영향을 주지 않는 것 같지만 때로는 분노로 연결되기도 한다. 아이는 분노를 발길질이나 주먹질, 소리 지르기나 무례한 행동으로 표현한다. 그리고 막상 분노를 드러내면 잘 받아들여지지 않는다는 사실도 알게 된다.

남자는 여자보다 더 독단적이고 공격적인 성향을 보인다. 공격적인 행동 뒤에는 테스토스테론 수치가 올라간다. 여자에서 남자로 성전환을 한 사람의 이야기로는, 여자였을 때와는 다르게 사소한 일에 갑자기 격렬히 분노하게 된다고 한다. 남자아이는 자신의 공격성을 다루는 법을 배워야 하며 적절한 배출구를 찾아야 한다.

오스트레일리아의 가정교육 전문가인 스티브 비덜프는 TNT, 즉 '관리가 필요한 테스토스테론Testosterone Needing Tuition'이라는 새로운 용어를 만들어냈다. 비덜프는 이 말을 PMT, 즉 '월경 전 긴장증Pre-Menstrual Tension'과 비교했다. 좋은 남편은 아내의 PMT를 이해한다. 따라서 아이와 함께 있는 어른이라면 아이의 TNT를 이해해야 한다.

남자아이의 감정을 되돌려 보여준다

행동만으로는 아이의 기분을 정확히 알 수 없다. 남자아이가 싸움을 벌이고 반항적으로 행동하면 부모는 그저 또 곤란한 짓을 한다고 여길 것이다. 그러나 아이가 방에서 나오지 않고 음악만 듣는다면 다른 10대가 하는 평범한 행동을 한다고 여긴다. 남자아이는 자신의 감정을 다른 사람에게 이야기하지 않는다. "나는 친구에게 내 문제를 털어놓지 않아요. 다른 아이도 대부분 마찬가지고

요. 친구란 그저 웃고 떠들 때뿐이죠."라고 아이들은 고백한다.

남자아이는 대부분 감성적인 면을 드러내지 않지만, 그들 또한 여자아이만큼 예민하게 대해주어야 한다.

언젠가 치과에서 치과 진료에 같이 들어가자는 아들을 다른 사람 앞에서 놀리던 엄마를 본 적이 있다.

"너 정말 겁쟁이구나!"

엄마는 큰 소리로 말했고 거기 있던 모든 사람이 그 말을 들었다.

"럭비 대회에서 우승도 한 아이가 치과 진료를 엄마랑 같이 들어가자고 하다니!"

그 아이가 모욕감으로 얼마나 상처를 받았을지 상상만 할 수 있었다. 아이는 겉으로는 전혀 내색하지 않고 간호사가 이름을 부르자 혼자서 진료실로 들어갔다. 그저 입술을 꼭 깨물었을 뿐이다.

가정에서 감정을 표현하는 어휘가 사라지면 아이는 자신의 충동적인 행동을 당연하게 여기는, 그런 사람으로 자라날 위험이 크다. 자신의 감정이 어떤 것인지 알지 못하고, 스스로에 대해 모호한 상태로 남는 것이다. 우리가 평범한 단어로 자신의 감정을 제대로 표현하지 못하면, 그 감정을 제대로 깨달은 것이 아니다. 점점 더 높은 수준의 관계마다 좀 더 복잡한 언어가 필요하다.

- 엘리 뉴버거 《남자아이 키우기Bringing up a Boy》

이제부터는 남자아이가 감정을 쉽게 드러내도록 도울 방법을 찾아보자.

아이는 주변의 사물 이름으로 처음 단어를 배운다. 감정에 관한 어휘도 마찬가지이다. 감정에도 이름이 있다. 아이가 느끼는 감정을 설명해주고 표현하도록 도와주어야 한다.

아이는 받아들일 수 있는 감정과 극복할 수 있는 감정에 대해 알아야 한다. 아이가 관련된 단어를 알지 못하는 것은 괜찮다. 핵심은 아이에게 자기 감정에 대해 정확히 알려주는 것이다. 모든 연령대의 남자아이에게 가장 유용하게 쓰이는 단어는 바로 '욕구 불만'이다.

밖에서 놀다가 들어온 아이에게 "밖에서 아주 재미있는 시간을 보낸 것처럼 보이네." 운동부에 뽑히지 못한 아이에게 "그동안 열심히 연습했지. 뽑히지 못했으니 정말 기분이 좋지 않겠다." 자신이 그린 그림을 구겨서 던져버리는 아이에게 "그림이 처음 생각한 것처럼 정확하게 그려지지 않아 불만이구나." 이런 식으로 말이다.

어른은 보통 해결책을 제시해서 도움을 주려 노력한다. 그렇지만 아이가 어떻게 느끼는지 감정을 알아주는 게, 해결책을 제시하는 것보다 큰 도움이 될 수 있다. 아이 스스로 해결책을 찾을 수 있기 때문이다.

유원지에 많은 아이가 모여 노는데 타이론은 혼자 서 있었다. 한 어른이 말을 걸었다.

"다른 아이들은 같이 모여 놀고 있는데, 외로워 보이네."

타이론은 우울해 보이는 표정으로 고개를 끄덕였다. 그러더니 갑자기 밝은 모습으로 말했다.

"올리에게 가서 스타워즈 놀이 할건지 물어볼래요."

그리고는 저편의 아이들 쪽으로 달려갔다.

감정을 표현하는 법을 알려준다

아이의 감정을 잘못 파악하더라도 걱정할 건 없다. 금방 제대로 알아차리게 된다.

어른 "네가 만든 비밀의 집이 무너져서 좀 흥분한 것처럼 보인다."

아이 "난 흥분한 게 아니에요. 난 화가 났다고요! 다른 아이가 내 집을 무너트렸어요. 그걸 만드는 데 얼마나 오래 걸렸는데!"

모든 감정을 받아들일 수 있지만 어떤 행동은 반드시 제한해야 한다. 이를테면 주먹질을 하거나 욕을 하는 행동들 말이다. "네가 셸던에게 화내는 것을 보았다. 주먹이 나가기 전에 먼저 말로 했어야지!", "너를 방으로 쫓아내서 불공평하다고 느낄 수 있어. 그렇지만 벽에 낙서하면 안 되는 거야.", "네가 아주 흥분해 있는 건 알겠다. 그렇지만 말하고 싶으면 욕을 섞어서 하면 안 돼."

아이의 분노나 우울함은 모욕감이나 거부 혹은 공포와 같이 더 깊은 감정을 숨기는 것일 수도 있다. 감춰져 있는 감정을 알아차릴 수 있어야 한다. 청소년 클럽에서 쫓겨난 후 이웃집 물건을 부수고 돌아다니는 아이에게 "네가 정말 상처를 받아서 그렇게라도 하고 싶은 마음을 알겠다." 하고 마음 속 상처를 읽어준다. 이웃집 유리창을 깨트린 후 사과하러 가기를 거부하는 아이에게는 "네가 한 일을 인정하는 게 두렵겠지. 그렇지만 네가 용감하게 고백한다면 그 사람들도 너를 다르게 볼 거야."라며 감정을 받아들이고 적절한 방향을 제시한다.

아이가 어떻게 느끼는지 확인하는 데 질문이 도움이 된다. "여행에 가지 못하게 되어서 실망했니?", "친구들이 보고 싶니?", "아무도 네 이야기에 귀를 기울이지 않는 것 같니?", "우리가 너를 마음대로 휘두르는 듯한 기분이 드니?"와 같은 말들이다.

중요한 건 무언가를 고치는 게 아니라 아이의 대답을 듣는 것이다. 아이가 정말로 이야기가 통한다고 느낀다면 안심하고 감정을 표현할 것이다.

아이가 살면서 공포와 따돌림으로 인한 압력에 어찌할 바를 모를 때도 있다. 학교에서 내준 숙제로 고민하던 아이가 아예 숙제를 하지 않을 때는 숙제로 인한 부담감을 감추는 것일 수도 있다. 이유를 알 수 없는 행동 속에 숨은 감정을 확인해보자. "시험 공부를 하지 않으면 좋은 성적을 받을 수 없어!"라고 협박하지 말고, "다가올 시험이 부담스럽니?" 하고 물어본다.

아이가 자신의 감정을 말로 표현하도록 도와주자. 처음에 조금 머뭇거려도 조급하게 굴지 않는 게 중요하다. 단, 아이가 자신의 감정을 표현할 때 개인적인 감정으로 받아들이지 말 것!

우리 아이를 위한 비폭력 대화법

《비폭력 대화》의 저자 마셜 로젠버그는 서로 간에 불편하지 않게 감정을 깨달을 의사소통 방법을 제안한다.

1. 나와 다른 사람의 행복에 영향을 줄 구체적인 행동을 관찰한다.
2. 내가 관찰한 내용을 다른 사람이 어떻게 느끼는지 깨닫는다.
3. 나와 다른 사람 감정의 필요와 가치, 욕망을 파악한다.
4. 이러한 필요를 채워줄 구체적인 행동을 요청한다.

✕ "착하구나."

◯ "다 먹은 그릇들을 싱크대에 치워줘서 고맙구나."

✕ "너는 내 기분을……"

◯ "네가……을 하면 나는 기분이……"

✕ "나를 정말 화나게 하는구나. 넌 내가 말하는 걸 전혀 듣지 않아!"

◯ "네가 내 말을 무시하면 나는 화가 난다."

✕ "너 나를 무시하고 있지!"

○ "고맙다는 말이 없으면 무시당하는 기분이 들어."

✕ "어떻게 그렇게 이기적일 수가 있어! 넌 한 시간이나 늦었고 나는 걱정이 돼서 죽을 뻔했다고! 만일 네가 그렇게 계속 무책임하게 굴면 앞으로는 해가 진 뒤에 외출은 꿈도 꾸지 마!"

○ "약속한 것보다 한 시간이나 늦게 집으로 돌아왔구나. 무슨 사고라도 났는지 걱정을 많이 했다. 나에게는 네가 아무 일 없는지 확인하는 게 중요해. 다음에 이렇게 늦을 것 같으면 미리 전화를 좀 해주면 어떨까?"

감성적 어휘를
사용하는 모습을 보여준다

아이는 실제의 생활에서 배운다. 주변의 어른이 아이가 했으면 하는 행동을 보여주면 상황은 더 쉽게 풀린다. 공개적인 애정표현은 괜찮지만 논쟁 후 자신이 틀린 것을 인정하지 않거나 상대편에 안 좋은 감정을 품는 것은 안 된다. 욕을 하거나 때리는 행동과 같이 아이가 하지 말았으면 하는 행동은 절대 보여주지 말아야 한다.

남자아이는 특히 남자 어른이 어떤 일을 하는지 관심을 가진다. 남자 어른이 친구나 가족과 있을 때 하는 감정 표현은 아주 중요하다. 항상 말로 감정을 표현할 필요는 없다. 기쁨의 함성을 내지르거나 실망해서 양손으로 머리를 감싸는 행동도 상관없다. 그렇지만 장기적으로 감정은, 말로 표현할 때 명확해지고 그래야만 자라면서 겪을 복잡한 관계에서 상대적으로 유리해진다!

아이가 감정을 나타내는 어휘를 배우는 데는 어른이 중요한 역할을 한다. 어른이 먼저 자신의 감정을 이야기해 보자. 아이가 우러러보는 남자 어른이 그렇게 하는 게 특히 효과적이다. 만일 어른이 표현하는 감정이 진심이고 명확한 내용을 담고 있다면 아이에게 많은 도움이 될 것이다.

10대 남자아이에게 저녁 식사를 마치고 식탁을 치워달라고 부탁했다. 그 일은 집에서 일상적으로 하는 일이었다. 얼마 후 아이의 아버지는 그릇이 그대로 식탁 위에 있는 것을 보고 화가 나서 소리를 질렀다. 그러자 아이도 되받아서 소리를 지르는 게 아닌가. 아버지는 잠시 진정하고 말을 이었다.

"사실대로 말하면 나는 네가 식탁을 치우지 않았다고 화를 내는 게 아니다. 다만 시간이 지났는 데도 여전히 네가 할 일을 다시 알려주어야 하는 게 실망스러울 뿐이야."

아이는 더 말하지 않고 식탁을 치웠다.

부모가 먼저 감성적 어휘를 사용한다

"그렇게 시끄러우면 나는 초조해진다.", "네가 손님을 그렇게 불편하게 대하면 나는 기분이 나빠.", "이런 난장판을 보니 화가 난다! 지금 당장 좀 치웠으면 좋겠어." 이렇게 감정을 표현하면 나중에 억눌려 있던 감정이 폭발하는 일은 상대적으로 덜 일어난다.

어른인 우리는 자신의 감정에 책임을 지고 아이가 불편한 기분을 느끼지 않도록 해야 한다. 불편한 기분은 결국 분노나 원한을 부른다. 어른이 감정을 어떻게 조절했는지 이야기해주자.

"너 그거 아니? 나는 다락방 청소하는 게 너무 싫었어. 거기는 잡동사니가 가득했거든. 그래서 한꺼번에 몽땅 처리하는 대신에 한 번에 한 가지씩 정리하기로 했지."

"한밤중에 이웃집 차 경보가 울린 게 벌써 닷새째였지. 나는 정말 화가 나서 새벽 3시에 그 집으로 쳐들어갈 뻔했어. 그런데 그렇게 멋대로 하면 분명 후회하게 될 것 같더라고. 그래서 아침까지 기다렸다가 좀 진정이 된 후에 할 말을 정리해보았지."

다른 사람의 감정을 설명해주면 이해가 빨라진다.

"잭, 네가 그렇게 가까이 앉으면 벤이 불편해할 거야. 그러니 조금 자리를 비켜주렴."

"시킨 일을 제대로 해놓지 않으면 할머니가 정말 기분이 안 좋으실 거야."

남자아이는 특히 남자 어른을 자신의 이상형으로 생각한다. 만약 아이가 여자들만 감정을 표현하는 것을 본다면 남자는 감정을 표현하면 안 된다고 결론 내릴 수도 있다.

한 아버지가 가족과 함께 장모님의 장례식에 가려고 차를 몰고 있었다. 그때 한줄기 눈물이 그의 뺨을 타고 흘렀다.

"어? 아빠 운다."

놀랍고 신기한 표정으로 말하는 아들에게 아버지가 말했다.

"그래, 오늘은 정말 슬픈 날이란다."

"할머니가 돌아가셔서 슬프신 거죠, 그렇죠?"

이렇게 남자 어른이 자신의 감정을 말하면 아이는 그것을 보고 배운다. 가끔 어떤 사람은 자기는 감정적으로 예민하지 않으며 '감성이 풍부한' 남자가 결코 아니라고 말하기도 한다. 그렇지만 구체적으로 질문하면 남자 어른도 자주 분노를 느끼고 때로는 불안해하거나 우울해한다. 공격적인 행동을 피하기 위해서라도 아이는 이런 감정과 관련된 어휘를 알아야 한다. 또한 '감정이 풍부하지 않은' 남자라도 책임감 있게 감정을 표현하면 아이에게 좋은 역할 모델이 될 수 있다.

만일 역할 모델로 삼고 있는 어른이 내면에 대한 아무런 정보도 주지 않는다면, 그 어른을 따르는 아이는 결국 내면세계를 파악하는 데 실패하고 만다.

- 스티브 비덜프《아들 키우는 부모들에게 들려주고 싶은 이야기Raising Boys》

어떤 남자 어른은 감정을 보여주는 것을 마치 걸치고 있는 갑옷에 난 상처처럼 생각한다. 그리고 그 갑옷을 상처 하나 없이 완벽하게 유지하는 데 인생의 꽤 많은 시간을 쓴다. 역설적이게도 남자가 이런 자신의 '갑옷'을 걸치면 공격 성향이 커진다. 주변에서도 그 사실을 알아차리고 공격을 막아낼 준비를 하거나 상처받지 않기 위해 선제공격을 하기도 한다. 그런데 남자가 갑옷을 벗으면 주변 사람들은 그를 위협적인 존재로 인식하지 않고 선제공격을 할 필요도 없다고 느낀다. 아이가 세상에서 살아남기 위해 굳이 갑옷을 입지 않아도 된다는 사실을 깨닫는다면 얼마나 큰 위안이 되겠는가.

어떤 사람은 감정을 표현하면서 어색해지거나 상황이 더 나빠질까 봐 걱정한다. 물론 그럴 수도 있다. 때로는 아무 말도 않는 게 가장 지혜로울 때도 있다. 그렇지만 말을 하지 않아 어색한 분위기가 될 수 있다. 자신이 생각하는 바를 정확하게 이야기하면 분위기가 분명해지고 상황을 이해할 수 있게 된다.

감정을 나타내는 단어들

다음에 나오는 형용사들은 우리가 경험하는 감정의 범위를 알려준다.

인상 깊은	불행한	놀라운	서투른	두려운
실망스러운	지친	무서운	기쁜	감탄스러운
흥분한	불행한	상처받은	깜짝 놀란	흥분된
감동적인	즐거운	걱정되는	겁나는	자랑스러운

미안한	만족한	당황스러운	매력적인	피곤한
불만인	초조한	화가 난	모욕적인	지루한

염려하는	걱정하는	환영하는	동요하는	긴장된
걱정되는	두려운	슬픈	행복한	

책이나 영화를 통해
감정을 알려준다

감정을 표현하기 곤란해하는 아이는 가상의 남자 주인공에게 자신을 투영하는 걸 편하게 여기기도 한다. 아이와 함께 책이나 영화를 보고 이야기를 나누면 아이가 자신의 감정을 깨닫는 데 도움이 된다. 책이나 영화뿐 아니라 텔레비전 드라마나 운동경기, 뉴스에 등장하는 사람이나 이웃사람의 이야기도 마찬가지다. 우리는 다른 사람의 이야기를 통해 자신을 이해한다. "그 사람은 겁이 났었나보다.", "페널티 킥을 실축했을 때 그 선수는 정말 망연자실했을 거야." 이렇게 다른 사람의 감정을 읽어주자.

어떤 아이는 다른 사람에게 감정 이입을 거의 하지 않으며 이런 대화에도 부정적이다. 너무 걱정할 필요는 없다. 아이에게 무언가를 가르치는 게 아니라 감정을 보여주는 것만으로도 다른 이를 이해하는 데 도움이 될 것이다.

열 살짜리 남자아이가 어디선가 인종차별과 관련된 말을 배워 왔다. 아이는 그 말을 쓸 때마다 엄마가 크게 당황한다는 걸 알고 재미있어했으며 꾸짖을 수록 상황이 더 나빠졌다. 엄마는 전략을 바꿔 인종차별에 관한 비디오를 도서관에서 빌려왔다. 〈컬러 블라인드Colour Blind〉, 〈간디Ghandi〉, 〈앵무새 죽이기To kill a Mocking Bird〉와 같은 영화들을 보면서 아이가 조금씩 상황을 이해한다는 걸 알 수 있었다. 인종차별에 대한 말도 더는 하지 않았다.

열네 살짜리 남자아이가 아이스 스케이트에 재능을 보였지만 막상 피겨 스케이팅 수업은 '여자들'이나 하는 운동이라고 질색했다. 그러나 〈빌리 엘리어트Billy Elliot〉라는 영화를 보고 생각이 바뀌었다. 이 영화는 발레에 뛰어난 재능을 보이는 어느 광부의 아들에 대한 이야기이다. 생각이 바뀐 아이가 피겨 스케이팅을 배우기 시작하자 다른 남자애들이 '피겨 스케이팅은 여자애들이나 하는 것'이라며 놀리기 시작했다. 이에 아이는 웃으며 "최고의 아이스 하키 선수는 다 피겨 스케이팅부터 시작했다"고 응수했다.

이렇게 말하는 데는 감성적으로 용기가 필요하다. 우리가 생각하는 방향이 옳다는 걸 증명하기 위해, 어려움을 이겨내고 임무를 완성하기 위해, 모든 것이 절망적으로 보일 때에 계속 전진하기 위해서도 이런 용기를 사용한다. 남자아이는 영웅을 숭배하고 용기를 중요하게 생각한다. 남자아이는 아주 어릴 때부터 자신들의 '용기 근육'을 단련하고 진정한 용기가 필요한 상황에 대해서도 배워야 한다.

"부당하게 괴롭힘을 당하는 친구를 위해 나서는 건 대단한 용기가 필요한 일이야."

"어색함을 무릅쓰고 다시 한번 설명해 달라고 한 건 참 잘한 일이다."

"어떤 일에 대해 긴장할수록 그 일을 하는 데는 더 큰 용기가 필요한 법이지."

"자기가 그 일을 했다고 인정한 건 용기 있는 행동이었어."

"친구들의 공격을 받으면서도 자기 원칙을 지킨 건 참 용감한 일이다."

아이에게 걱정하고 염려해도 좋다고 말해준다

사람이라면 나이에 상관없이 가족이나 나이 든 사람, 도움이 필요한 사람과 약한 동물을 걱정하고 염려한다. 우리는 이럴 때 자신의 부드러운 면을 확인하고 책임감을 느낀다. 물론 남자아이도 마찬가지다.

아이에게 어린 동생을 돌봐달라고 부탁하면 뜻밖에 동생을 아주 잘 돌보기도 한다. 이럴 때 아이의 재미는 책임감으로 바뀌고, 동생 또한 듬직한 형의 모습을 따르게 된다. 아이가 열 살이 넘어 음식을 준비하라고 시키는 것은, 가족에게 봉사할 기회를 주는 것이기도 하다. 이것은 나중에 혼자 살 때를 대비하는 기술도 된다. 돈을 모아서 남을 도우면 우리가 세상을 바꿀 수 있다는 사실을 느낄 수 있다.

남자아이도 여자아이처럼 인형을 좋아한다. 10대가 되어서도 어린 시절 가지고 놀던 동물 인형을 그대로 가지고 있거나 때로는 자신만의 비밀 장소에 두는 아이도 있다. 이런 모습은 특별하거나 이상한 게 아니라 남자아이의 부드러운 면을 드러내는 바람직한 모습이다.

다루기 힘든 10대 아이를 맡은 한 교사가 '이야기 나누기 활동' 시간에 인형을 활용했다. 아이들이 감정에 관해 이야기할 때 인형을 안고 있도록 한 것이다. 남자아이들은 아주 좋아하며 다른 시간에도 계속해서 인형을 갖고 있겠다고 했고 나중에는 인형을 바꿔보기도 했다.

남자아이의 예민하고 감성적인 면을 알아차리지 못하면 어려운 일이 생기기도 한다. 남자아이가 축구경기장에서 넘어져 우는 모습을 보고 여자아이가 '울보'라고 놀리고 있었다. 교사는 여자아이에게 말했다.

"내 경험에 따르면 누군가 눈물을 흘린다면 그때는 보통 그럴만한 이유가 있어서야."

때로는 주변 사람들이 싫어할지도 모를 행동은 미리 이야기해두고, 막상 일이 닥쳤을 때는 상황에 따라 처신하며 아이를 보호해줄 수도 있다.

"캠핑을 가는데 곰인형을 가지고 가면 다른 아이들한테 놀림받을 수도 있어. 네가 꼭 가지고 가야겠다면 나는 상관없지만 말이야."

주말여행에 인형을 들고 간 열 살짜리 남자아이가 있다. 아이는 인형을 가지고 간 사실을 친한 여자아이에게 털어놓았다. 여자아이는 다른 친구에게 이 사실을 말해버렸고 남자아이는 '계집아이' 같다는 놀림과 비웃음을 당했다. 이런 상황에서 어른은 다른 관점을 심어주어야 한다.

"야, 그 인형 참 멋진데! 그 인형이 우리 캠핑의 마스코트가 되면 어떨까? 그 인형 이름은 뭐지?"

"나는 어른이 될 때까지 계속 인형을 가지고 놀았어! 너희는 나도 '계집아이'로 부를 거니?"

"나는 집에 저런 인형이 한가득 있어. 그중에서도 내가 가장 좋아하는 건 하순이라는 이름의 하마 인형이지. 너희도 좋아하는 인형 친구가 있니?"

"여자아이가 인형을 가지는 게 아무 문제가 아니라면, 남자아이라고 인형을 가지고 놀면 안 된다는 법이라도 있을까?"

그런데도 놀림이 계속되면 중요한 원칙을 일깨워주어야 한다.

"여기서는 다른 사람을 놀리는 건 금지다."

10대의 불안한 마음을
이해해준다

10대의 아이에게는 감성이 차오르는 때가 있다. 남자아이는 분출하는 호르몬과 함께 성적 충동이 일어나고 육체의 충동을 깊이 의식하게 된다. 10대 시절이 막을 내릴 무렵에는 사랑에 빠지기도 하고 질투와 거부를 함께 경험하기도 한다.

처음으로 사랑에 빠진 남자아이는 대체로 감정을 노골적으로 드러낸다. 그러다 거절을 당하면 말로 표현할 수 없을 만큼 상처를 받는다. 같은 상황에서 여자아이는 친구들과 이야기를 나누며 도움을 받지만, 남자아이는 고통을 혼자서 이겨나갈 때가 많다. 아무렇지 않은 척 육체 활동을 하거나 알코올로 슬픔을 치유하려 하기도 한다. 마음의 문을 굳게 닫고는 혹시 앞으로 받을지 모르는 상처를 피하려는 모습을 보이기도 한다. 많은 성인 남자들이 10대 시절 받았던 실연의 상처로 진정한 사랑을 하는 데 어려움을 겪는다는 사실은 그리 새삼스럽지도 않다.

10대 아이가 반복해서 부르는 노래의 가사를 들으면 아이의 감정을 알아차릴 수 있다. 무슨 일이 일어나고 있다는 생각이 들면 귀를 한번 쫑긋 세워보자. 10대 남자아이는 자신의 상처를 불쾌한 기분이나 침묵, 무례함으로 표현한다. 그런 행동으로 아이를 질책하면 상황은 더 악화될 뿐이다.

다른사람에게 불쾌하게 대하지 말라고 다그치지 말고 무엇 때문에 기분이 상했는지 물어보자. 제대로 대답을 못한다고 혼내지 말고 "평소와는 조금 다르구나. 무슨 일이라도 있는 거니?" 하며 조심스럽게 접근한다.

아이가 무슨 일이 있었는지 자세히 말하는 경우는 드물다. 게다가 개인적인 문제에 끼어들거나 해결해주는 것을 달가워하지 않을 수도 있다. 이럴 때는 그저 아이에게 감정 이입을 해준다.

어른 "메간은 어떻게 지내니?"

아이 "요즘 연락 안 해요."

어른 "아, 나는 네가 메간을 진짜 좋아한다고 생각했는데."

아이 "메간이 나를 찼어요."

어른 "그것참 큰 충격이었겠구나."

아이 "네, 맞아요."

아이가 이 일에 관해 이야기하고 싶었는지 아닌지는 알 수 없다. 만일 이야기하기를 원했다면 이런 식의 접근 방법은 아이를 이해한다는 표시가 된다.

아이가 심하게 우울해한다면

모든 사람은 때때로 우울하다. 10대라면 인생의 부침을 겪을 때 어떻게 견뎌야 할지 배워야 한다. 그렇지만 우울한 기분이 몇 주일씩 계속된다면, 이는 이른바 '임상 우울증clinical depression'일 수 있다. 임상 우울증은 두뇌의 화학적 변화로 모든 일에 절망적이 되거나 의지가 없어지는 것이다. 우울증은 어떤 중요한 변화, 즉 이사와 전학, 이혼, 새 부모와의 만남과 가족의 죽음 같은 사건 때문에 일어날 수 있다. 망쳐버린 관계나 학업, 외모, 성 문제 혹은 돈이 원인이거나 부모나 또래로부터 받는 압력도 영향을 미친다.

10대가 느끼는 우울증의 증거로는 성적 하락, 가정과 학교에서의 고립, 수면 부족이나 수면 과다, 집중력 하락 혹은 기억력 감퇴, 위통이나 두통 및 이유 없는 통증을 호소한다든가, 무감각이나 피로, 식욕 부진 혹은 식욕 과다, 알콜이나 약물 남용 등이 있다.

아이가 심하게 우울해한다면 전문 기관에 도움을 요청하자. 만약 적절하게 대처하지 않는다면, 이런 임상 우울증은 몇 개월에서 몇 년 동안 지속되고 자살 시도로 이어질 가능성도 매우 크다.

대략 열다섯 살을 전후한 10대 아이는 종종 심오한 철학적 의문에 매료되어 매우 이상적으로 변하기도 한다. 아이는 이러한 관심사를 다른 친구와 나누기도 하지만 대부분은 혼자서 고민한다. 어떤 아이는 종교나 과학에 관심을 가지고 또 어떤 아이는 국제적인 문제에 깊은 관심을 가진다. 정통 종교나 이전부터 내려오는 관습에 의문을 품거나 독특한 믿음 체계를 실험해보는 아이도 있다.

종교나 신념에 관한 문제에서 어린아이라면 옳고 그름이 분명한 답을 해주는 것이 좋다. 반면 10대는 의문을 품고 탐구하는 과정을 지원해 주는 것이 필요하다. 아이는 자신만의 결론을 찾기를 원하는데 이는 아주 건전하고 정상적인 일이다. 만일 아이의 신념이 부모와 대립할 경우에도 감정적으로 받아들이지는 말자. 사람은 변하기 마련이고 이런 사유의 과정을 지원해주지 않으면 아이와 사이만 멀어질 뿐이다. 그렇지만 이런 탐구의 과정을 함께 한다면 아이와 부모 모두에게 멋진 경험이 될 것이다.

토론이 중요한 10대 아이들

이 시기에는 토론이 중요하다. 토론의 핵심은 어떤 결론에 도달하는 게 아니라 자기가 생각하는 것을 분명히 말하도록 연습하는 것이다. 이때 부모가 어떤 생각을 하라고 강요해서는 안 된다. 다음 달이면 아이의 생각은 바뀔 수 있다. 아래와 같이 대화를 이어 나가도록 도와주자.

"그건 아주 중요한 질문이다. 아직 그 해답을 찾지 못했니?"

"내 생각은 이래. 넌 어떻게 생각하니?"

"내 경험에 비추어 보면……."

"나는 보통 이렇게 생각하는데…… 지금은 그보다는 이렇게 생각해."

"내게 가장 중요한 건……."

케빈은 골칫덩이로 알려져 있다. 학교에서 무슨 일이 일어나면 언제나 케빈이 관련되어 있었다. 어느 날, 학교에서 토론의 장이 마련되어 아이들은 자신의 희망사항과 재능, 미래의 꿈에 대한 이야기를 나누었다. 케빈은 열여덟 살에 고등교육을 마치면 삼촌과 함께 일하겠다고 했다. 그렇지만 지금 자신에게 중요한 건 경력 문제가 아니라고 했다. 왜 우리는 여기에 있는가? 우리는 어떻게 존재하는가? 인생의 의미는 과연 무엇인가? 이 같은 질문에 대답하는 데 많은 시간을 쓴다고 말했다. 케빈은 골칫덩이가 아니라 단지 자신이 더 중요하다고 생각하는 문제를 더 깊이 생각할 뿐이었다.

아이의 감정을 아이에게 되돌려 보여준다.

- 아이가 느끼는 감정을 명확하게 이야기해준다.
- 긍정적인 감정은 물론 부정적인 감정에 관해서도 이야기한다.
- 아이의 문제를 해결해주기보다 아이의 감정부터 알아차린다.
- 모든 감정을 받아들일 수 있지만 어떤 행동은 반드시 제한이 필요하다.

감성적 어휘 사용의 역할 모델을 보여준다.

- 어른이라면 자신의 감정을 신뢰하는 방식으로 표현한다.
- 자신이 어떻게 느끼는지 말한다.
- 다른 사람이 감정을 어떻게 다루는지 일화를 들려준다.
- 긍정적인 감정은 물론 부정적인 감정도 다 이야기한다.
- 일단 부정적인 감정을 표현했으면 이후에 다 잊어버린다.

다른 사람들의 감정에 대해서도 설명한다.

- 다른 사람이 어떻게 느낄지 설명한다.
- 다른 성인 남자들의 감정을 이야기한다.
- 감정을 설명하기 위해 음악과 책, 영화를 활용한다.
- 아이가 감정적인 용기를 이해하도록 해준다.

아이에게 걱정하고 염려해도 좋다고 말해준다.

- 가정과 사회에 도움이 되는 기회를 준다.

- 나이가 든 아이가 어린 동생을 돕도록 한다.

- 동물이나 봉제 인형은 아이의 마음이 드러나도록 도와준다.

- 아이의 감성적인 예민함을 이해한다는 사실을 분명히 알려준다.

1. 아이의 감정을 분명히 보여주도록 어른이 할 수 있는 말을 생각해보자.

학교가 가기 싫다는 아이에게 / 운동부에 뽑히지 못한 아이에게

다툼이 많은 아이에게 / 문제를 일으킨다고 오해를 받는 아이에게

[아이가 느끼는 감정에 대해 어떻게 생각하고 있는지 말한다. 문제를 해결하려고 섣부르게 접근하면 안 된다.]

2. 상황을 어떻게 느끼는지 알기 위해 아래의 표현들을 바꾸어 말한다.

- 지금 네 방 꼴을 한번 봐라!

- 제시간에 도착하다니 그거 한번 고맙구나.

- 넌 다른 사람을 전혀 생각하지 않아!

- 그것참 환상적이다!

[지금 자신이 느끼는 바를 어떻게 말로 표현했는지 확인해본다. 생각한 내용이 아니라 느낌이다.]

3. 아이가 어렵게 느끼는 영역에 도전하기 위해 용기라는 개념을 어떻게 활용할 수 있을까?

아이의 마음속 배려하는 따뜻한 면을 어떻게 드러낼 수 있을까?

6

최고의 아들로 키우는
12가지 대화 비법

사소한 말 한마디가 싸움의 불씨가 되고
차디찬 말 한마디가 사랑의 불을 끄네
잔인한 말 한마디에 절망의 싹이 트고
사랑의 말 한마디에 평화의 꽃이 피네
다정한 말 한마디가 행복의 씨앗이 되고
위로의 말 한마디가 보람의 열매가 되네

_작가 미상

엄마가 소리를 지르면
아이는 무시한다

어른들이 소리를 지르거나 잔소리를 하면 아이의 기분은 어떨까? 아이는 모욕감을 느끼고 화가 난다. 그래서 무시해버린다.

대화가 통하지 않을 때 어른들은 보통 질책하고 소리를 지르거나 잔소리를 한다. 목적은 아이의 협조를 얻어내는 것이지만 질책과 잔소리를 좋아하는 사람은 어디에도 없고, 아이는 종종 무관심으로 대응한다. 잔소리나 꾸중이 곤란한 상황을 모면해줄 정도까지는 참아줄 테지만 그 이상은 소음일 뿐이다. 그러면 아이들은 마치 라디오 소리를 줄이듯 귀를 막고 무시해버린다.

몇 년 전 연구자들은 달갑지는 않지만 흥미로운 사실을 발표했다. 세 살짜리 아이가 '엄마 이야기를 귀담아듣지 않는' 상태를 관찰한 것이다. 아이가 자라면서 조금씩 움직이기 시작하면 엄마의 제재가 시작된다. 이때부터 엄마 말의 대부분은 무언가를 하지 말라는 내용이다. 아이의 의지와 상상력이 커질수록 엄마의 잔소리는 많아지고, 아이는 점차 엄마의 목소리를 무시하는 법을 배워나간다.

아이에게 갑자기 소리를 지르는 것은 위험하지만, 멀리 떨어져 있을 때는 효과적이다. 만일 이럴 때만 소리를 지른다면 아이는 그 소리에 귀를 기울일 것이다.

잔소리에도 전략이 필요하다

일을 늘 해왔던 대로 똑같이 하면 예전과 같은 결과를 얻을 뿐이다. 아이의 행동이 달라지기를 원한다면 지금까지와는 다른 방식으로 아이를 대해야 한다. 잔소리를 정의하면 '누군가에게 어떤 일을 해달라고 반복해서 요청하는 것'이다. 방법을 조금만 수정하면 잔소리는 아이를 대하는 좋은 전략이 될 수 있다!

남자아이는 누군가가 가르치듯이 말하는 것을 싫어한다. 가르치려 들면 아이는 무뚝뚝하게 반응하고, 가르치려는 내용은 아이에게 잘 전달되지 않는다. 아무리 어른이 아이의 상황을 잘 이해하는 것처럼 말한다 해도 그렇다. 그렇지만 대화가 어려운 때일수록 그 효과는 훨씬 커진다. 아이들은 비공식적이고 질책하지 않는 분위기에서는 어른이 하는 말을 잘 받아들인다. 바로 어른과 아이가 함께 무언가를 할 때 말이다. 자동차 여행을 같이 가거나 함께 무언가를 하는 것은 대화를 위한 좋은 기회이다.

어른의 책임 중 하나는 다음 세대를 훈련하는 것이다. 이것은 자연환경에 대한 존중일 수도 있고, 서로 돌보고 약속을 지키거나 직장에서 성실하게 일하는 모습일 수도 있다. 한 가지 분명한 사실은 남자아이는 매번 부탁하고 계속 일깨워주어야 하는 일은 잘하지 않는다! 따라서 우리는 일깨워 주는 이런 일이 잔소리가 되지 않도록 조심해야 한다.

잔소리하거나 소리치지 않고 아이를 움직이는 12가지 전략을 살펴보자. 이 전략의 대부분은 아동 심리학자인 하임 기노트Haim Ginott의 연구를 기초로 하며 가정교육 전문가의 조언을 참고했다. 이런 기술을 조금만 실천해도 놀라운 효과를 볼 수 있을 것이다.

몸짓을 활용한다

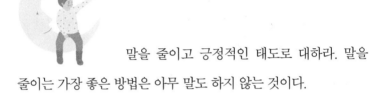

　　　　　　　　　　말을 줄이고 긍정적인 태도로 대하라. 말을
줄이는 가장 좋은 방법은 아무 말도 하지 않는 것이다.

아이가 너무 시끄럽게 떠들면 손가락을 들어 입술에 갖다 대라.

아이가 옷이 더러워져 들어오면 옷을 가리키며 얼굴을 조금 찡그
린다.

누군가 식탁 위에 앉아있다면 거기서 내려오라고 손짓한다.

누군가 규칙을 어기면 규칙이 적혀 있는 곳을 가리킨다.

재미있는 동작이나 몸짓은 아이에게 더 깊은 인상을 준다. 한
10대 특별반의 교사는 잘못된 이야기를 들으면 마치 고약한 냄새
를 맡은 듯 코를 움켜쥐었다. 아이들은 처음엔 그 모습을 보고 웃
었지만 결국 그 의미를 잘 알게 되었다.

한마디로 말한다

《남자들의 관심을 끌도록 말하는 법How to Talk So Men Will Listen》의 저자인 메리언 우드홀Marion Woodall은 남자와 여자의 의사소통 방식의 차이점을 강조한다. 여자에게 의사소통의 목적은 관계를 만들기 위한 것으로 친밀해지기 위해 시시콜콜 자세하게 이야기한다. 그렇지만 남자에게 의사소통의 목적은 정보를 교환하기 위함이다. 따라서 있는 그대로의 사실을 중요시하고 불필요한 세부사항을 성가시게 생각한다. 남자아이도 똑같다. 아이에게 짧게 이야기하고 핵심만 지적하자. 가장 효과적인 방법은 하고 싶은 말을 한 마디나 두 마디로 끝내는 것이다.

안전띠를 하지 않은 아이에게 '안전띠'

점심 도시락 가져가는 것을 자주 잊는 아이에게 '도시락'

잘 시간이 지났는데도 자지 않는 아이에게 '잘 시간'

선택한 핵심 단어가 명사라는 점에 주목하자. 명령이 아닌 그 냥 일깨워주는 것이다. 어린아이들은 놀이하듯 명령하는 말을 좋 아하기도 한다. 산책하러 나가면 아이를 강아지나 군인 놀이하듯 다룰 수 있다. '일어서', '앉아', '움직이지 마.' 혹은 '차렷!', '앞으로 가!'와 같은 말들이다.

사람들은 종종 주의를 시킬 때 '미안하지만'과 같은 말을 사용 해야 하는지 묻곤 한다. 아이가 '미안하지만'이라는 말을 배우기 원한다면 어른이 먼저 이런 말을 해야 한다. 그렇지만 말투를 정 중하게 한다면 굳이 '미안하지만'이나 '부탁인데' 같은 말을 꼭 사 용할 필요는 없다. 어떤 단어를 쓰느냐보다는 말투가 더 많은 의 미를 전달한다. 아주 거칠거나 퉁명스럽게 "미안하지만 좀 조용히 해달라고!"라고 말하는 건 '미안하지만'이라는 말이 품고 있는 뜻 과는 정반대 의미를 전달한다.

정보를 전달한다

남자아이는 자신을 보호하는 방법을 어릴 때부터 배운다. 어떤 권위 있는 존재가 자신을 꾸짖으면 아이는 이를 공격으로 간주한다. 그래서 입을 다물고 거칠게 자신을 방어하기도 한다. 그렇지만 아이에게 정보를 직접 전달하면 아이는 쉽게 알아듣는다.

✗ "이 방은 정말 돼지우리 같구나! 지금 당장 와서 빨리 방을 치워라!"
○ "바닥에 떨어져 있는 옷가지를 치워야겠다."

✗ "주방을 이렇게 더럽게 만든 사람이 누구야?"
○ "주방을 쓴 사람이 누구든 청소를 해야 한다."

✗ "매번 숙제하라고 말하는 것도 이제는 지긋지긋하다. 넌 오늘 친구들과 밖에

나가 못 놀 줄 알아!"

○ "숙제를 빨리하면 밖에 나가 친구들과 놀 수 있을 거다."

아이가 질문을 해오면 정보를 준다.

아이 "내 웃옷이 어디 있어요?"

✗ "넌 네 물건도 하나 못 챙기니? 내가 그렇게 일일이 다 챙겨줘야 해?"

○ "네 방에 있다."

○ "나도 잘 모르겠구나. 네 방에 한번 가보렴."

어떤 부모들은 매우 많은 시간을 "안 돼"라는 말을 하며 보낸다. 이런 말은 부모와 자녀 모두를 낙담시킨다. 어른이 원하는 바를 긍정적으로 말하면서 상대방을 설득할 수 있다. 좀 더 구체적으로 말할수록 아이는 더 따르게 된다.

아이 "같이 공원에 가면 안 돼요?"

✗ "안 돼" / "오늘은 안 돼" / "나중에"

○ "내일 가도록 하자."

○ "점심 먹고 가자."

아이 "아이스크림 먹어도 돼요?"

✗ "안 돼" / "오늘은 안 돼"

⭕ "아이스크림 말고 집에 있는 푸딩을 먹자."

⭕ "아이스크림은 금요일에 먹자."

⭕ "네가 용돈으로 해결하고 싶다면 마음대로 해도 좋아."

아이 "새 체육복을 사주면 안 돼요?"

✗ "안 돼" / "오늘은 안 돼" / "요즘 집 형편이 어떤지 넌 모르니?"

⭕ "연휴가 끝나면 한 벌 사줄게."

⭕ "지금 25파운드를 줄 수 있는데 네가 모자라는 돈을 보태서 살 수 있을까?"

문제를 설명한다

남자아이는 문제를 해결하는 데 흥미를 느낀다. 문제를 단순하게 설명하면 스스로 해결한다.

✗ "또 늦었구나!"

○ "이번 주에만 벌써 두 번째 늦은 거야."

✗ "넌 왜 숙제를 하지 않니?"

○ "그 숙제는 내일까지 해야 하는 거다."

보통은 상황을 설명하는 것만으로도 충분하다.

✗ "늦게 자도 된다고 허락했더니 도무지 조용할 줄을 모르는구나. 이제부터 다시는 늦게 잘 수 있을 거라 기대하지 마!"

⭘ "계속 이야기하는 게 들리네."

✕ "방 꼴이 이렇다니 믿을 수가 없구나!"

⭘ "바닥에 온통 종이 투성이네."

느끼는 그대로 설명하고
그것으로 끝낸다

어른이 느끼는 분노와 좌절, 염려는 종종 잔
소리나 소리 지르기를 통해 표현된다. 아이는 이런 모습에 방어적
이고 종종 반항한다. 어른이 감정을 분명하게 표현하면 아이는 그
감정을 좀 더 잘 듣고 이해하게 된다.

✕ "그런 상황에서 그냥 자리를 떠나버리다니. 오늘 영화 보려던 건 취소야!"

○ "나는 네가 그냥 자리를 떠나는 걸 봤어. 조금 화가 나고 실망도 했다."

✕ "이걸 지금 숙제라고 한 거니?"

○ "너처럼 좋은 능력을 갖추고도 이 정도밖에 못 하는 걸 보니 정말 실망스럽다."

감정을 설명할 때는 진심이 중요하다. 그렇지 않으면 아이는 뭔
가 속는 기분을 느끼고 감정 표현 자체를 불신하게 된다. 자신의

감정을 다른 사람 탓으로 돌리기보다 느끼는 감정을 충실하게 설명하는 게 중요하다.

✗ "너의 이기심에 정말 화가 난다!"
○ "집 전화비가 이렇게 많이 나오다니, 어떻게 감당해야 할지 걱정이다."

질책하는 말을 하지 않으면 아이는 자신을 방어할 필요가 없다. 그러면 듣는 것을 그대로 받아들이고 배울 점은 익히게 된다. 일단 자신의 감정을 드러냈으면 그것으로 끝내고 다른 이야기로 넘어간다.

긍정적인 기대를 표현한다

 기대한 바가 충족되지 않으면 긍정적인 방식으로 다시 일깨워준다.

✗ "이 방꼴을 좀 봐라!"

◯ "나는 네가 직접 방을 청소했으면 좋겠구나."

✗ "네가 그렇게 게으르고 감사할 줄 모르는 아이인 줄은 정말 몰랐다!"

◯ "뭔가를 사용했으면 정리하는 일을 도와주렴."

✗ "제시간에 집에 들어오게 하려면 내가 뭘 어떻게 해야 하니?"

◯ "약속한 귀가 시간을 네가 꼭 지켰으면 좋겠다."

규칙을 반복해서 이야기하는 건 어른의 기대를 일깨워주는 한 방법이다.

✗ "어떻게 그렇게 나쁜 말을 할 수가 있니!"

○ "욕설이나 나쁜 말을 여기서는 사용하지 않기로 했지?"

꼭 해야 할 일을 지적한다

어떤 아이는 너무 많은 임무나 과도한 지침에 맞닥뜨리기도 한다. 이럴 때는 단순한 일부터 하나씩 완성하는 게 더 효과적이고, 특히 아이가 숙제할 때 이 방법을 잘 써먹을 수 있다.

상황이 마음대로 되지 않으면 화를 내고 싶은 유혹에 빠진다. 그러나 화를 내면 정말로 아이의 반감을 사게 된다. 따라서 아이가 달라졌으면 하는 행동에 초점을 맞추는 게 훨씬 효과적이다. 어떻게 해야 하는지 그리고 그렇게 했을 때 어떤 도움이 되는지 구체적으로 알려준다. 아이는 행동하도록 동기부여를 받고 나아갈 방향을 잡게 된다.

✗ "누가 이렇게 어질러 놓았어?"

○ "자, 어질러진 것을 치우자."

✕ "이거 다 치울 때까지는 꼼짝 못 할 줄 알아!"

◯ "이것만 다 치우면 마음대로 가도 좋아."

✕ "두 손을 놓고 자전거를 타면 넘어지는 게 당연한 거지!"

◯ "손을 항상 자전거 손잡이에 두어야 훨씬 더 안전하게 탈 수 있단다."

✕ "열심히 공부하지 않으면 시험을 망치게 될 거야."

◯ "숙제를 열심히 하면 시험도 잘 볼 수 있지."

유머감각과 재치를 활용한다

　　　　잔소리와 질책, 큰소리를 피할 좋은 방법은
유머로 재치 있게 대응하는 것이다. 분위기는 좀 더 가벼워지고
일단 웃음보가 터지면 아이는 기꺼이 시키는 일을 한다.

　마음까지 바꿀 필요는 없다. 분위기만 바꿔라. 유머 감각은 개
인적인 특성이다. 아이의 상황과 기분, 나이와 유머의 스타일에
따라 그 결과도 달라진다.

　어린 남자아이가 목욕하지 않겠다고 떼를 썼다. 부모는 아이의
머리를 살펴보고 이렇게 소리쳤다.

　"루크, 네 머릿속으로 뭔가 기어 다니는 게 보여! 빨리 목욕을
해야겠다!"

　그러고는 킬킬거리는 아이를 와락 덮쳐 끌어안고는 욕실로
갔다.

아이가 잘못을 저지르자 어른은 아이를 꾸짖는 대신 좀비 흉내를 내며 아이 목을 조르는 척했다.

어느 10대 남자아이가 댄스 파티장에 그냥 앉아있었다. 아이를 돌봐주는 아주머니가 다가와 말했다.

"죠프, 지금 춤추지 않는 걸 보니 다음 순서 때 내 파트너가 되어주려고 그러지?"

아이가 짐짓 그런 건 질색이라는 듯 얼굴을 찡그렸다. 차라리 사촌과 춤을 추는 게 낫겠다고 말하며 사촌 누이에게 춤을 신청했다. 아이는 이후로 즐겁게 파티 시간을 보냈다.

두 명의 10대가 툭탁거리기를 멈추지를 않았다. 한 명은 다른 한 명보다 몸집도 크고 힘도 세어 완전히 압도하는 분위기였다. 어른이 몸집이 작은 아이에게 말했다.

"이봐, 넌 왜 항상 비실비실하고 약한 애들하고만 싸우는 거야? 다음번에는 내가 상대해주지!"

모두 다 웃음을 터트렸고 두 아이는 싸움을 멈췄다.

어떤 가족은 코미디 영화인 〈몬티 파이슨〉 시리즈에서 가정에서 지키는 규칙을 따왔다. 규칙 제1조는 '칭얼거리며 투덜대지 않기!'

아이 중 누구라도 투덜대거나 칭얼대기 시작하면 부모가 묻는다.

"규칙 제1조가 뭐였지?" 하면 아이는 멋쩍은 듯 웃으며 대답한다.

"칭얼거리며 투덜대지 않기!"

가족끼리 캠핑을 가면 묻는다.

"캠핑장에서의 규칙 제1조는 뭘까?"

갑자기 웃음이 터지며 아이들이 한목소리로 대답한다.

"텐트 안에서 방귀 뀌지 않기!"

되돌리기 버튼을 누른다

뭔가 일이 잘못되었을 때는 지난 상황을 되돌리며 모두에게 한 번 더 기회를 준다. 이 방식은 먼저 자신에게 적용하면서 다른 사람에게 소개할 수 있다.

"내가 말하고자 했던 건 그게 아니었는데. 한번 상황을 되돌려 볼까? 내가 처음에 그렇게 말한 이유는……."

나중에 아이에게도 같은 기회를 준다.

"너도 다시 돌아가기를 원하는구나. 처음으로 다시 돌아가 보자."

일단 아이가 이 개념을 이해했으면 긴장된 상황을 부드럽게 푸는 데 활용할 수 있다. 한 아이가 집에 늦게 돌아와 부모와 다투었다. 아이는 화가 나서 그만 버릇없는 말을 내뱉고 말았다. 이렇게 말해보자.

"우리 모두 지금 기분이 좋지 않구나. 상황을 좀 되돌려 볼까. 잠시 밖에 나갔다가 다시 들어오렴. 나도 처음부터 다시 시작해볼 테니."

시간이 지나면 아이 스스로 적용하기도 한다.

"죄송해요. 그렇게 하려고 했던 건 아니었는데. 다시 처음으로 되돌려보겠어요."

문제를 작게 나누어 해결한다

남자아이는 종종 문제의 규모에 압도당한다. 장난감을 모두 정리한다든지 방을 깨끗하게 치우거나 숙제하기 같은 일들이다. 이럴 때 아이는 아예 아무것도 하지 않으며 친구들과 문자를 주고받거나 컴퓨터게임을 하고 음악을 들으며 시간을 보내고 싶어한다. 이때는 범위를 정확하게 지정해준다.

✗ "내가 식탁을 치우라고 말했지!"

○ "저 유리잔들을 식기 세척기 제일 위 칸에 좀 넣어줄래?"

✗ "방을 치우라고 그렇게 말했는데 여태 침대 위에서 뒹굴고 있어! 나 혼자서 집 안일을 모두 맡아서 해야겠니?"

○ "일단 바닥에 있는 물건부터 치워보자."

→ "자, 이것만으로도 훨씬 보기가 좋구나. 그러면 이제 깨끗한 옷은 옷장에 넣고

더러운 옷은 빨래통에 넣어라."

➜ "야, 정말 깨끗해졌구나. 이제 옷장 서랍을 정리하면 다 끝나는 거야."

✗ "집에 먹을 게 없다고 불평만 하지 말고 내가 장 봐온 걸 차에서 옮기는 거나 도와."

○ "모두 나와서 차에 있는 쇼핑백 두 개만 좀 옮겨다 줄래?"

➜ "장 봐온 거 전부를 두세 번 만에 주방에 옮길 수 있는지 한번 볼까."

✗ "뭘 그렇게 뜸을 들이고 있어? 고작해야 여덟 쪽밖에 안 되잖아!"

○ "일단 세 쪽 먼저 읽어보자."

➜ "자, 벌써 절반 가까이 읽었구나! 이제 세 쪽 더 읽어볼까."

➜ "이제 두 쪽만 더 읽으면 다 끝나는 거야."

✗ "지금 숙제를 해야 하는데 친구들이랑 컴퓨터 메신저나 하고 있다니! 너 제정신이니!"

○ "네가 해야 할 게 꽤 양이 많지. 한 번에 하나씩 하는 게 좋을 거야. 지금까지 얼마나 했니?"

➜ "일단 조금 해놓고 쉬는 시간에 친구들이랑 메신저를 해도 괜찮을 거야. 다음 해야 할 부분은 어디지?"

➜ "친구들에게는 고약한 엄마 때문에 숙제부터 해야 한다고 말하는 게 어떨까. 한 시간쯤 지나면 다시 메신저를 할 수 있잖아."

만일 아이가 눈앞의 일에 위압감을 느낀다면 어른의 말을 잔소리로 생각할 수 있다. 그런 분위기면 조금 더 부드럽게 그게 아니라는 것을 분명히 하자.

✗ "아직 방 안 치웠니?"
○ "어느 정도 되어가니?"
○ "뭐 좀 도와줄까?"

✗ "내일 학교 갈 준비 다 끝마쳤니?"
○ "내일 학교 갈 준비를 하는 동안 코코아 한 잔 갖다 줄까?"

글로 써서 표현한다

의사소통을 할 때 글을 쓰는 것은 아주 효과적이다. 어른에게는 생각할 시간을 주고 아이에게는 상황을 판단할 여지를 준다. 게시판에 쓰거나 종이에 써서 붙이기, 알림장 활용하기, 직접 쓴 쪽지를 아이에게 건네기, 아이 머리맡에 놓기, 방문 아래로 밀어 넣기, 여러 장 복사해서 나눠보기 등 여러 가지 방법이 있다.

- 문 앞에 붙여놓기

"더러워진 운동복은 밖에 두어라."

- 게시판에 공지사항을 적어놓기

"내일 오전 9시 주차장에서 모임. 도시락과 겉옷 지참."

- 공원에서의 알림판

"쓰레기는 쓰레기통에 버려주세요."

- 침대 머리맡에 두는 쪽지

"내일 빨래를 할 거야. 학교 가기 전에 더러워진 옷을 빨래통에 모아주겠니? 사랑한다."

교실에서 실내 축구 경기에 대한 열기가 과열되고 있었다. 교사는 축구를 하는 모든 아이가 볼 수 있도록 종이 한 장을 붙여놓았다.

"심판이 있다면 언제든 체육관에서 축구를 해도 좋다.

심판용 호루라기는 언제든 빌려 쓸 수 있다.

다음은 실내 축구 규칙들이다……."

많은 아이가 규율을 지키는 일을 어렵게 생각한다. 특히 사춘기가 되어 급격하게 성장할 때는 더욱 그렇다. 이때는 정확한 정보로 채워진 게시판, 목록, 시간표 등을 활용해 아이를 도와준다.

카운트다운

숫자를 세면 긴박감이나 경쟁의식을 심어준다. 아이는 이러한 방식을 좋아하는데 특히 유머 감각을 덧붙이면 더욱 좋다. 숫자를 세는 방법은 하나부터 시작할 수도 있고 카운트다운 하듯 0까지 거꾸로 셀 수도 있다. 여기에 숫자 세는 속도를 높이면 흥분이 더해지고 속도를 줄이면 아이에게 기회를 더 줄 수 있다. 나이가 더 든 아이라면 손바닥을 쭉 편 채 한 손을 치켜들고 말없이 한 번에 손가락 하나씩 접어가는 방법을 사용할 수도 있다.

"내가 스물을 셀 때까지 이 방을 다 치워라!"

"지금 하고 있는 게임이 끝나자마자 저녁을 먹으라고 말했지. 지금부터 카운트다운 한다. 열, 아홉……."

"그 공 이리 다오. 5초 시간을 준다."

(손을 들어 조용히 손가락을 접으며 시간을 잰다.)

새로운 방향을 모색한다

다양한 경우에 위에서 열거한 기술들을 써먹을 수 있다. 그렇지만 반복되거나 처리하기 힘든 문제가 있으면 시간을 가지고 함께 고민하며 해결책을 찾는다. 아이들은 의견을 나누기를 원하고 종종 기발한 해결책을 내놓는다.

새로운 방향을 찾을 때는 모든 감정이 잦아드는 시간을 선택한다. 문제에 대한 간단한 개요를 적고 새로운 방향을 찾는 데 필요한 규칙을 알린다. 그 규칙은 이렇다. 가능한 다양하고 창의적인 해결책을 생각하고, 모든 의견은 글로 기록하여, 모든 의견을 기록하기 전까지는 섣부르게 판단하지 않는다.

어른도 자기 의견을 말할 수 있다, 일단 모든 의견을 다 기록했으면 함께 의견을 검토한다. 만일 누군가 어떤 의견을 반대한다면 그 의견은 삭제한다. 모두가 동의한다면 따로 표시한다. 추가 의견을 내놓거나 원래 의견을 고쳐도 괜찮다. 모두가 해결방법을 동의할 때까지 모든 의견을 이야기한다.

열두 살의 조시는 잘 시간만 되면 말을 듣지 않았다. 매일 밤 다툼이 있었고 잠자리에 들어도 실제로 잠이 드는 건 한참이나 지난 후였다. 다음 날 아침이면 조시는 늘 짜증을 내며 말을 안 듣기 일쑤였다. 조시가 원하는 건 자기 멋대로 하는 것이었고, 잠이 오지 않는데 왜 잠자리에 들어야 하는지 이해할 수가 없었다. 조시의 부모는 수면 부족이 아이의 기분과 학업, 건강에 영향을 미친다고 생각했다.

어느 날 오후 엄마와 아들은 종이 한 장을 사이에 두고 문제의 해결 방안을 생각하기 시작했다.

문제: 조시의 자는 시간

해결책

- 자는 시간을 정하지 않는다.
- 평일에는 시간을 정하고 공휴일에는 유동적으로 한다.
- 한밤중까지 텔레비전을 시청한다.
- 텔레비전 시청과 컴퓨터 게임을 일찌감치 끝내고 쉬도록 한다.
- 일단 누워 음악을 듣는다.
- 늦잠을 자고 학교에 가지 않는다.

- 긴장을 풀기 위해 자기 전에 목욕한다.

- 알람시계를 맞춰둔다.

- 밤 9시에는 잠자리에 들게 등을 마사지한다.

- 잠을 잤건 못 잤건 아침에는 기분 좋게 일어난다.

- 몸이 아픈 일만 없다면 조시가 자는 시간을 마음대로 정한다.

고민 끝에 최종적으로 한 가지 계획에 동의했다.

조시는 다음에 따르는 조건으로 자는 시간을 마음대로 정할 수 있다.

- 숙제는 저녁 8시 반까지 다 끝낸다.

- 텔레비전과 컴퓨터는 저녁 9시 반이면 모두 끈다.

- 다른 가족들이 잠자리에 들면 어떠한 소음도 내면 안 된다.

- 아침에 누가 깨워주지 않아도 일어나고 불평 없이 학교에 간다.

- 아파서 학교에 결석하는 일은 없어야 한다.

- 위 조건 중 하나라도 지키지 못하면 이후 사흘간은 저녁 9시 잠자리에 들어야 하고 9시 반에는 불을 꺼야 한다.

그 후 분위기는 크게 바뀌었다. 숙제나 잠자는 시간으로 다투는 일은 없어졌고 조시는 아침에 혼자 일어났으며 집에서 나설 때까지도 가족들과 아무런 문제도 없었다. 조시는 아주 늦게 잠이

들었고 눈 밑에는 다크서클이 생겨났지만 조시의 부모는 아들에게 아무 말도 하지 않았다. 2주 정도가 흐른 뒤 조시는 기침을 하기 시작했지만 자기는 아무렇지 않다고 말했다. 그리고 그후 며칠간은 스스로 뜨거운 물에 목욕하고 일찍 잠자리에 들었다. 아파서 결석하는 일이 없도록 하기 위해서였다.

이런 방법이 효과를
거두지 못한다면?

한 가지 방법으로 효과를 거두지 못했다면 그 다음 방법을 시도하라. 예를 들어 집안에 들어오자마자 더러운 옷을 벗어 빨래통에 넣게 하고 싶다면,

글로 적어라

'더러워진 옷은 여기에'라고 적어 문가에 붙여둔다.

몸짓을 활용한다

아이의 옷을 가리킨다 / 빨래통을 가리킨다 / 문가에 붙여둔 종이를 가리킨다.

한마디만 한다

"옷"

유머 감각을 활용한다

"땀 냄새 괴물이 들어온 것 같네. 이게 무슨 일이지?"

정보를 준다

"이 집에는 아이는 스스로 옷을 벗어 빨래통에 넣는다는 규칙이 있어."

카운트다운을 한다

"내가 일곱을 세기 전에 빨래통으로 가 옷을 벗어놓고 들어와라!"

문제를 설명한다

"바닥에 옷이 널려있다."

자신의 감정 상태를 표현한다

"바닥에 옷이 널려있는 걸 보면 정말이지 화가 난다."

기대감을 표현한다

"빨래는 빨래통에 들어있으면 좋겠다."

필요한 일을 직접 말한다

"바닥에 널려있는 옷을 치워라."

문제를 나누어 해결한다

"모두 집에 들어오자마자 옷을 갈아입고 갈아입은 옷은 여기 빨래통에 담아 줘. 모두 고마워!"

한 번에 세 가지 방법을 모두 쓸 일은 없겠지만, 분명 세 가지 방법을 하나씩 써볼 기회는 있을 것이다! 아이에게 '준비 시간'을 주어야 한다는 사실을 기억하라. 아이에게 여유를 준다.

청소년회관의 지도교사에게 남자아이의 가장 어려운 점이 무엇인지 물어보았다. 교사는 아이가 거친 욕설을 하고 침을 뱉는 일이라고 했다. 어떻게 하면 이 불쾌한 습관을 없앨 수 있을까? 예민한 아이들에게 괜한 상처나 과도한 벌칙을 주지 않고 말이다.

첫 시작은 문제의 핵심을 파악하는 거였다. 모든 지도교사는 아이의 이런 행동을 불쾌하게 생각했지만 혼자서만 그렇게 느낀다고 생각했다. 이런 청소년회관은 아이들의 안전한 피난처가 돼야 하므로 어느 정도의 나쁜 행동도 참아주어야 한다고 믿고 있었다. 그렇지만 일단 아이의 욕설과 침을 뱉는 행동이 모두에게 불쾌한 일이라는 것을 깨닫자 이를 막아야 한다는 데 동의했고 몇 가지 간단한 전략을 생각했다.

먼저 분명한 규칙이 있어야 했다. 만일 욕을 하는 장면을 본다면 손가락을 입술에 갖다 대거나 '말조심'이라는 단어를 가리킨다.

교사들이 자신의 감정을 그대로 드러내는 것도 한 방법이다.

"손님이 이곳을 방문했을 때 네가 하는 욕이 들렸고 그 순간 나는 정말 당황했다."

"네가 그렇게 하면 나는 진짜 고통스럽다. 그렇게 침을 뱉고 싶으면 화장실로 가거라."

몇 개월 후에 어떻게 되었나 확인해보았다. 욕설이나 침을 뱉는 아이들은 더는 찾아볼 수 없었다. 지도 교사들은 엄격하고 지속적으로 문제를 관리했고 아이들은 이에 반응했다. 아이가 종종 자기도 모르게 나쁜 말을 하면 교사는 "말조심"이라고 한마디만 했고, 그러면 대개는 "죄송합니다."라고 대답했다.

말을 줄이고 긍정적인 태도로 대하라.

1. 몸짓을 활용하라 - 쓰레기통을 가리킨다.

2. 한마디로 말하라 - "쓰레기통"

3. 정보를 전달한다 - "쓰레기는 쓰레기통에 버리는 거야."

4. 문제를 설명한다 - "바닥에 과자 봉지가 떨어져 있어."

5. 느끼는 그대로 설명하고 그것으로 끝낸다 - "쓰레기는 쓰레기통에 버리라는 상식을 꼭 말로 해주어야 한다니 참 맥이 빠진다."

6. 긍정적인 기대를 표현한다 - "모두 가진 쓰레기는 쓰레기통에 버리기를 바란다."

7. 꼭 해야 할 일을 지적한다 - "저기 저 과자봉지는 쓰레기통에 버려야 할 것 같은데."

8. 유머 감각과 재치를 활용하라 - "여기는 태풍이 한바탕 휩쓸고 갔나 보네."

9. 문제를 작게 나누어 해결하라 - "각자 쓰레기를 하나씩만 들고 내게로 오렴."

10. 글로 써서 표현하라 - "쓰레기는 쓰레기통에 버려주세요."

11. 카운트다운 - "내가 스물까지 세기 전에 모두 쓰레기를 치운다. 실시!"

12. 새로운 방향을 모색한다
- 먼저 문제를 파악한다: 쓰레기가 쓰레기통이 아닌 바닥에 흩어져 있다.
- 새로운 방법들을 가능한 한 많이 적어본다.
- 실제로 적용할 수 있는 해결책을 하나 찾는다.

지금 자신은 어떤 상황이라고 생각하는가?

- 아이에게 잔소리하고 있는가?

- 아이를 질책하고 소리치고 있는가?

- 이러한 상황에서 소리치고 잔소리하는 일을 피하고자 할 수 있는 일은

  어떤 것이 있을까?

아빠가 아들의
성공을 결정한다

남자다움이란 주어지는 것이다.

남자아이는 자신이 누구인지 자신이 무엇을 할 수 있는지

남자 어른에게 배운다.

다른 어떤 곳에서도 배울 수 없다.

_존 엘드리지《거친 마음Wild at Heart》

아빠만이 줄 수 있는
가르침은 따로 있다

남자아이는 남자 어른에게서 남자다움을 배운다. 아주 어린 시절부터 아이는 남자와 여자의 차이점에 주목한다. 물론 아이는 주변의 모든 어른에게서 가치와 행동을 배우지만 남자다움이 어떤 것인지는 남자 어른을 관찰하면서 알아간다.

남자아이에게는 특히 아버지가 중요하다. 아버지는 아이에게 중요한 역할 모델이고 아이는 아버지를 통해 남자가 어떤 존재인지 배운다. 자라면서 일정 기간은 아버지를 우상처럼 우러러본다. 이는 아버지와 동거하지 않는 아이도 마찬가지이다. 남자아이는 일곱 살이 될 때까지는 어머니에게 집중하지만, 일곱 살에서 열네 살 사이에는 아버지에게 관심을 돌린다. 열네 살이 넘어서면 가족 밖에서 남자의 역할 모델을 찾기 시작한다. 부모는 일정한 때가 되면 한 발자국 앞서 나가거나 뒤로 물러설 준비를 해야 한다. 그렇게 아이가 필요로 하는 공간을 내어주면서 특별한 대상에 관심을 채우도록 도와준다.

아버지 노릇은 기쁨과 책임인 동시에 때로는 예상치 못한 감정을 느끼게도 한다. 이 여정은 생명의 탄생이라는 기적, 반드시 보호해야 할 분신이라는 끓어오르는 감정으로 시작하지만 짊어진 책임의 무게가 서서히 충격적으로 다가온다. 아이의 울음 때문에 몇 주 동안 잠을 설치고 탈진하는 것은 덤이다. 엄마가 생물학적 충동으로 아이에게 완전한 헌신을 한다면 아빠는 이러한 감정을 무시하거나 그저 당연한 것으로 여긴다. 아이 때문에 부부관계가 소원해지면 상황은 좀 더 복잡해진다. 이 시점에서 아버지이자 남편은 자신이 어떤 상황인지 혼란스러워진다. 전에는 사랑하는 여자가 자신을 위해 시간과 애정을 쏟았는데 이제는 그 관심과 시간 그리고 육체까지 아이가 다 차지하고 있는 것이다!

부정적인 측면만을 강조하는 것 같지만 이건 아버지로서 처음 만나는 장애물에 대한 이야기이다. 대부분 이 장애물을 잘 넘어서지만 어떤 부부는 부부관계에 문제가 생기기도 한다. 처음에는 아이가 아닌 부부의 문제라 여기지만 남자 쪽에서 새로운 여자를 만나도 아이를 가지면 똑같은 문제가 반복된다.

아버지는 아이로 인한 이런저런 장애를 극복하기 위해 부모 되는 과정을 공유할 친구나 친척과 정기적으로 감정을 소통해야 한다.

아이는 역할 모델로 삼는 남자의 영역에 들어가고 싶어하고 아버지는 아들에게 남자가 되어가는 과정과 다양한 기술을 가르쳐 줄 수 있다. 이 과정에서 아이가 원하는 모든 것을 다 해줄 수는 없다. 아버지 말고도 이웃 어른이나 친척, 교사, 가족과 친구가 아이의 인생에 자연스럽게 깊이 관여할 수 있다. 이러한 관계는 별다른 계기 없이도 생겨나며 때로는 아버지가 특별한 어른에게 아들과 시간을 보내달라고 부탁할 수도 있다.

새아버지도 아이에게 많은 일을 해줄 수 있지만 동시에 갈등도 있을 수 있다. 새아버지와 아들 사이에 친어머니를 사이에 둔 경쟁은 불 보듯 뻔한 일이다. 아무리 둘 사이가 좋아져도 한 가지 사실은 분명하다. 이 남자는 자신의 친아버지가 아니며 그냥 어머니와 함께 사는 남자일 뿐이다. 이 때문에 아이는 무례하거나 좋지 않은 행동을 하기 쉽다. 만약 새아버지가 부모, 자식 간의 관계를 먼저 생각한다면 둘의 경쟁 관계는 좋은 결과를 가져올 수 있다. 아이는 어머니의 마음속에 자신의 위치가 확고하다는 사실을 알게 되면 새로운 남자 어른을 받아들인다. 새아버지는 아내가 아이에게 너무 무르게 대응한다고 생각해 가정의 규율을 세우려 애를 쓰기도 한다. 불행히도 이러한 시도는 종종 상황을 더 안 좋게 만든다. 새아버지의 역할은 그저 아내의 듬직한 보조자로 남는 게 가장 바람직하다.

아빠와 함께하면
자긍심이 높아진다

남자 어른은 남자아이와 시간을 함께 보내고 활동도 같이하며 아이의 문제에 귀를 기울이고 가르침을 줄 수 있다. 대부분 남자아이는 남자 어른에게 뭔가 도움이 되고 싶어한다. 남자 어른이 자신이 좋아하는 음악, 운동경기, 야외활동, 낚시, 컴퓨터, 독서 등을 아이와 함께할 때는 자신의 일부를 아이와 함께 나누는 것이다. 운동경기는 남자들 사이에 가장 일반적인 공동의 관심사이고 서로 단단하게 연결해주는 끈이다. 운동으로 관심을 공유할 수 없다면 같이 할 수 있는 새로운 무언가를 찾아야 한다.

모든 아이는 자신만을 바라봐주는 아빠를 원한다. 아이에게 아빠는 다른 누구와도 나누고 싶지 않은 사람이기 때문이다. 아이는 아빠에게 이야기해달라고 안기기도 하고 함께 영화를 보기도 한다. 남자아이와 남자 어른이 같이 무엇인가를 할 때는 어떤 여자도 그 사이로 파고들 수 없다. 이럴 때 여자들은 한 발 뒤로 물러나자. 남자들에게 자기들끼리 시간을 보내게 하고 그렇게 생긴 기회를 자신을 위한 시간으로 즐기는 게 좋다.

남자아이는 남자 어른이 자신을 주목하는 순간을 고대하며 그 시선을 느낀다. 그것은 그저 스쳐 지나가는 한 마디로도 충분하다.

동네 아이들은 지나가는 여자 어른이 "안녕" 하는 것과 남자 어른이 "안녕" 하는 것에 다르게 반응한다. 남자 어른이 아이들에게 축구에 대한 농담 한마디라도 하면 아이들은 적극적으로 환대하며 비슷한 농담으로 응수한다. 성인 남자가 풍기는 특별한 에너지에 깊이 매료되는 것이다. 만일 남자 어른이 동네 아이를 알게 된다면 간단한 인사나 농담을 던지는 것만으로도 아이가 우러러보는 사람이 될 수 있다. 이런 일은 아이가 못된 행동을 하거나 말도 안 되는 짓을 벌일 때 효과를 발휘한다. 아이는 그 어른이 하는 말에 기꺼이 귀를 기울일 것이다.

존 엘드리지는 자신의 책 《거친 마음Wild at Heart》에서 두 아들 샘과 블레인과 함께 암벽등반을 했던 때를 이야기한다. 샘이 바위 가장자리에서 움직이지 못하자 저자는 밧줄을 타고 내려가는 것이 어떻겠느냐고 권한다.

"아니요." 아들이 말했다.

"여길 꼭 올라가고 싶어요."

나는 아이의 말을 이해했다. 지금은 우리 앞에 놓인 도전을 극복해야 할 때이다. 나는 아이들을 도와 조금씩 그 자리를 벗어나도록 했다. 샘이 올라갈 때 계속해서 충고와 격려를 해주었다. 아들은 놀라운 속도와 자신감으로 몸을 움직였다. 샘은 다시 어려운 지점에 도달했지만 이번에는 혼자 넘어섰다.

"힘내라 샘, 넌 진짜 사나이야."

아들은 정상에 올라섰고 나는 블레인을 끌어올리려고 뒤쪽으로 내려왔다. 한 15분쯤 지났을까. 나는 아까 일은 다 잊어버렸는데 샘은 그게 아니었던 모양이다. 블레인에게 올라올 수 있도록 지시를 하는데 샘이 옆으로 슬그머니 다가와 조용히 물었다.

"아빠, 아까 나 정말로 남자답게 잘했어요?"

이 순간을 제대로 넘기지 못하면 아이의 마음을 영영 잃게 될 것이다. 이건 그냥 질문이 아니라 모든 아이와 어른이 간절히 품고 있는 의문이다.

나는 잘해낼 수 있을까? 나는 그만한 힘이 있을까? 남자는 자신이 남자라는 사실을 느끼기 전까지는 그 모습을 증명해내기 위해 죽을 때까지 노력한다. 동시에 자신이 남자답지 못하게 보이는 모든 것에 겁을 집어먹고 움츠러든다. 대부분 남자는 자신이 얻은 답을 짐처럼 짊어지고 평생을 이런 의문에 시달리며 살아간다.

- 존 엘드리지 《거친 마음Wild at Heart》

아빠는 아이의
첫 번째 역할 모델이다

남자 어른이 하는 모든 행동은 아이에게 하나의 역할 모델이다. 남자가 시간을 보내는 방법, 농담을 던지는 모습, 자신과 다른 사람에 관해 이야기하는 방식, 일하고 여자를 대할 때의 태도와 술을 마시거나 사랑을 할 때의 자세까지. 아이는 이 모든 모습을 정확하게 관찰하고 흡수한다.

오직 남자의 세계에서만 배울 수 있는 일이 있다. 남자끼리 통하는 우스갯소리를 한번 생각해보자. 어떤 것은 여자들 귀에 안 들어가는 편이 낫다. 욕설이나 비속어는 어떨까. 아이가 배워야 할 것은 말 자체가 아니라 하지 말아야 할 때와 장소를 제대로 알고 적절히 표현할 줄 아는 방법이다.

남자아이는 남자 어른에게서 경쟁과 헌신, 팀워크를 배운다. 또 좋은 승자와 좋은 패자가 되는 법도 배운다. 정의와 진실, 자제하는 법도 빼놓을 수 없다. 남자들에게는 단순하고 직설적인 그들만의 방식이 있다.

때로 남자들은 화를 내면서 남자아이만 자기들의 줄에 세우기도 한다. 이 방법은 남자아이 사이에서는 아주 효과가 크다. 또 어떤 때는 자제심을 잃고 단호한 조처를 하기도 하는데 그럴 때 아이는 교훈이 아닌 그저 순간을 참는 법을 배우기도 한다. 분노가 너무 커서 관계에 영향을 미칠 정도라면 잠시 물러나 한동안 거리를 두어야 한다. 이러한 분노는 아이의 폭력을 이끌어내는 방아쇠가 되기도 한다.

남자아이는 애정과 존중을 부모의 관계에서 배운다. 남자와 여자가 함께하는 법과 그 사이에서 이루어지는 팀워크도 함께 배운다. 만일 아이의 부모가 이혼한다면 매우 고통스럽겠지만, 아버지가 어머니를 존중하는 마음은 표현한다면 엄마에 대한 존경심을 잃지 않을 수 있다. 아이가 성적 농담을 할 때 남자 어른은 어떤 것이 그냥 우스갯소리고 또 어떤 것이 불쾌한 행동인지 깨닫도록 도와주어야 한다.

남자들은 아이에게 지식에 대한 사랑과 독서를 즐기는 법을 가르칠 수 있다. 모든 연령대에서 남학생들의 성취도가 여학생들보다 10%가량 뒤떨어지는데 독서는 그중 가장 우려되는 분야이다. 만일 남자아이가 여자들만 책을 읽는 모습을 본다면 이내 독서는 남자가 할 일이 아니라고 결론 내리게 될 것이다. 따라서 남자가 독서를 하는 모습을 보여주어야 한다. 그저 신문이나 잡지를 펼쳐보는 것만으로도 아이는 그 곁에서 잡지나 만화책을 읽는다. 이 정도로도 충분하다.

남자아이는 이야기를 통해 자란다

독서보다 더 중요한 게 있다. 남자아이는 남자 어른이 해주는 이야기를 들어야 한다. 무엇이든 상관없지만 그 이야기는 남자와 남자아이에 대한 이야기여야 한다. 아이에게 필요한 것은 "넌 참 운이 좋은 줄 알아라. 내가 어렸을 때는 말이지…" 하는 식의 훈계가 아니다. 아이가 듣고 싶어하는 건 무엇이 어떻게 되었나 하는 서사와 자세한 설명이다. 기쁨과 고통, 성공과 실패, 무엇보다 모험에 대한 이야기이다.

아이는 이런 이야기를 통해 남자라고 슈퍼맨이 될 수는 없다는 사실을 깨닫는다. 무엇이든 할 수 있는 슈퍼맨이 아니라 자기 성격의 장점과 약점을 알고 스스로 만족하는 사람이 되도록 도와주어야 한다.

상당수의 남자아이는 학교에 도움을 요청하는 걸 어려워한다. 아이는 학교친구들 앞에서 자신을 드러내는 위험을 감수하려 하지 않는다. 사실 어른이 된 남자도 쉽게 도움을 요청하지 않는다.

남자와 여자가 함께 차를 타고 가다 길을 잃었는데 결국 여자를 시켜 길을 물어보게 했다는 우스갯소리도 있지 않은가.

정말로 남자들은 도움을 청하는 것을 어려워할까? 만일 그렇다면 왜 그럴까? 상당수의 남자가 정말 그렇다고 대답했고, 그중 한 사람은 자신은 뭐든 다 잘하는 것처럼 보이고 싶을 뿐이라고 했다. 누군가에게 도움을 요청하면 실패에 대한 인정인 것처럼 말이다. 그의 아버지는 지식과 능력을 겸비한 전지전능한 사람이었는데 적어도 그가 생각하는 남자는 그래야만 한다고 했다.

남자아이는 알아야 한다. 누군가에게 도움을 요청하거나 "나도 잘 몰라"라고 말하는 일이 아무 문제가 없다는 사실을 말이다. 다른 이가 그러는 모습을 본다면 그래도 괜찮다는 것을 알 수 있으리라. 특히 아버지나 역할 모델로 삼고 있는 어른이라면 더욱 좋다.

남자아이는 주변 남자에게 스펀지가 물을 빨아들이듯 남자가 되는 모습을 배운다. 또한 남자 어른도 아이와 함께하며 아이가 어떤 존재인지 이해하게 된다. 함께 시간을 보내고 진실을 이야기하며 유머 감각을 배워나간다.

아이에게
남자다움을 가르쳐라

　　대부분의 부족 문화에서 남자아이는 성인이 되기 위한 의식을 통과해야 한다. 부족의 남자들은 성인식을 치르는 아이를 마을에서 멀리 떨어진 외진 곳에서 육체적, 감정적, 정신적인 도전을 겪게 한다. 마을을 떠날 때는 아이였지만 돌아올 때는 당당한 부족의 남자로 돌아오도록 말이다. 아이가 전사가 되어 돌아오면 부족 전체가 이러한 변화를 알아차리고 새로운 젊은 전사의 귀환을 축하한다. 어떤 어머니는 아들을 잃은 슬픔에 통곡하기도 하지만 말이다.

　　현대의 우리 문화에서는 아이가 성인으로 인정받는 명확한 순간이 없다. 그러한 변화에 대한 축하도 없다. 지금 갓 성인이 된 젊은 남자는 잠재적 골칫거리일 뿐이다. 성인식이 사라지자 성인이 된 자신을 인정하는 방법으로는 술을 마시거나 성관계를 하고 제멋대로 차를 모는 것만이 남게 되었다. 아이가 어른이 되면 신체적인 변화도 일어난다. 키가 엄마보다 커지고 목소리는 굵어지며 면도를 시작한다. 이때는 남자 어른이 나서서 아이가 어른이되는 단계를 밟을 수 있도록 안내해야 한다.

여기에는 함께 시간을 보내거나 여행을 가는 것, 그리고 일을같이하는 것 등이 포함된다. 이것은 어른과 아이가 경쟁하거나 세대교체를 한다는 의미가 아니라, 아이에게 새로운 경험을 전수하고 도전의 기회를 제공하며 남자들의 세계로 들어오는 것을 축하하는 시간이라는 의미를 갖는다.

핵심은 어른인 남자와 일정 부분을 함께 공유하는 것이다. 함께일할 때 아이에게 앞장설 기회를 주자. 방법은 간단하다. 함께 계획을 세우고 여행준비를 하고 요리도 하며 조립식 가구를 만드는일을 같이 하는 것이다. 중요한 건 아이에 대한 신뢰와 존중의 마음이다. 그 시간은 아이가 존경해왔고 오랫동안 자신을 존중하길바라왔던 바로 그 어른에게 인정받는 자리가 된다. 아이에서 어른이 되는 이 여정의 중요한 단계는 많고도 다양하다. 위에서 설명했던 단순한 한 걸음 한 걸음이 모여 또 다른 단계로 나아간다.

아이와 함께 시간을 보낸다.

• 아이가 어떤 것을 좋아하는지 관심을 둔다.

• 함께 할 수 있는 일을 찾는다.

• 아이에게는 남자들만의 모임에서 보내는 시간이 필요하다.

• 이웃 아이에게도 관심을 가진다.

아이의 역할 모델이 된다.

• 아이는 남자 어른의 모든 행동에서 배운다.

• 아이는 남자 어른에게서만 배울 수 있는 것들이 있다.

• 아이는 남자 어른의 이야기를 들을 필요가 있다.

• 도움이 필요하거나 모르는 것이 있을 수 있다는 사실을 인정하도록 격려한다.

아이에게 남자다움을 가르친다.

• 아이의 목소리가 변성기에 접어들면 때가 된 것이다.

• 아이를 남자의 세계로 불러들이는 방법을 찾는다.

• 아이에서 남자가 되는 변화의 순간을 축하한다.

남자 어른이라면:

자신을 역할 모델로 바라보는 아이가 누구일까?

그 아이와 얼마나 많은 시간을 함께 보내는가?

그 시간 동안 아이에게 어떤 일을 해줄 수 있는가?

만일 아들이나 손자가 있다면 아이와 단둘이 시간을 보내는가?

당신의 관심에 반응하는 이웃의 아이가 있는가? 어떤 관심을 보여줄 수 있는가?

아이에서 어른으로 변해가는 10대 아이를 알고 있는가? 그 아이에게 어른의 길을 보여줄 한 사람의 남자가 될 수 있는가? 그럴 만한 준비가 되어 있는가? 그렇다면 어떻게 그렇게 할 수 있는가?

[경고: 그렇게 할 수 없을지도 모른다는 말은 절대로 하지 마라.]

여자 어른이라면:

남자아이에게 좋은 역할 모델을 해줄 남자를 알고 있는가? 그들은 아이에게 어떤 일을 해 줄 수 있을까?

이렇게 되도록 어떻게 도울 수 있는가?

한 걸음 뒤로 물러서서 아이와 남자 어른이 함께 그들만의 시간을 보내도록 해주어라. 자신들만의 방식으로 자신들만의 일을 하도록.

어른이 되는 아이를 축하하고 있다는 사실을 어떻게 분명하게 전달할 수 있는가?

국내 출간 도서는 국내 출판사와 출간일 표시

· 테리 앱터 (2001): 《성장이라는 신화》 W.W. 노튼, 런던

· 매들린 아르놋, 존 게리, 메리 제임스, 진 러덕 (Madeleine Arnot, John Gray, Mary James and Jean Rudduck) (1998): 《성별과 교육적 성과에 대한 연구(Recent Research on Gender and Educational Performance)》(OFSTED Reviews of Research), HMSO, 런던

· 스티브 비덜프 (1994): 《남자, 다시 찾은 진실》, 푸른길, 2011.06.07

· 스티브 비덜프 (1998): 《아들 키우는 부모들에게 들려주고 싶은 이야기》, 북하우스, 2003.09.09

· 케네스 블랜차드, 스펜서 존슨 (1982): 《1분 경영》, 21세기 북스, 2003.12.09.

· 로버트 블라이 (1990): 《무쇠 한스 이야기》, 씨앗을 뿌리는 사람, 2005.09.15.

· 롤로 브라운, 리처드 플레처 엮음 (1995): 《학교의 아이》, 핀처 퍼블리싱, 시드니

· N. 브라운, C. 로스 (N. Browne and C. Ross): N. 브라운 편, 〈여자아이 이야기, 남자아이 이야기: 어린아이의 이야기와 놀이〉 (1991): 《어린 시절의 과학과 기술(Science and Technology in the Early Years)》, 오픈 유니버시티 프레스, 밀턴 케인스

· 잭 캔필드, 마크 빅터 한센 엮음 (1993): 《영혼을 위한 닭고기 스프》, 푸른숲, 1998.01.23.

· 스티븐 코비 (1992): 《성공하는 사람들의 7가지 습관》, 김영사, 2003.10.01.

· 파울 데니슨 (Paul Dennison) (2002): 《브레인 짐 (Brain Gym)》, VAK, 함부르크

- 존 엘드리지 (2001): 《거친 마음: 남자의 영혼 속에 숨어있는 비밀을 발견하자》, 토마스 넬슨, 네쉬빌

- 아델 페이버, 일레인 매즐리시 (1980): 《어떠한 아이라도 부모의 말 한마디로 훌륭하게 키울 수 있다 (How to Talk So Kids Will Listen and Listen So Kids Will Talk)》, 명진출판사, 2001.11.22.

- 로저 피셔, 윌리엄 유리 (Roger Fisher and William Ury) (1981): 《Yes를 이끌어내는 협상법 (Getting to Yes)》, 장락, 2003.06.10.

- 스티븐 프로시, 앤 피닉스, 롭 패트먼 (Stephen Frosh, Ann Phoenix and Rob Pattman) (2002): 《남자다움에 대하여 (Young Masculinities)》, 팰그레이브, 베이징스토크

- 다니엘 골먼 (Daniel Goleman) (1996): 《EQ 감성지능 (Emotional Intelligence)》, 웅진지식하우스, 2008.10.15.

- 존 그레이 (1992): 《화성에서 온 남자 금성에서 온 여자》, 동녘라이프, 2010.04.15.

- 마이클 거리언 (Michael Gurian) (1996): 《남자아이 심리백과(The Wonder of Boys)》, 살림, 2009.04.08.

- 팀 칸 (Tim Kahn) (1998): 《남자아이 키우기(Bringing up Boys)》, 피카딜리 서커스 프레스, 런던

- 아드리안느 카츠, 앤 뷰캐넌, 앤 맥코이 (1999): 《아이 이끌기 (Leading Lads)》, dud 보이스, 이스트 모슬리

- 댄 킨들런, 마이클 톰슨 (1999): 《아들 심리학》, 아름드리미디어, 2007.10.01.

- 지니 Z. 라보드 (Genie Z. Laborde) (1983): 《성실함으로 키우는 영향력(Influencing with Integrity)》, 신토니 퍼블리싱, 팔로 알토, 캘리포니아

- 실리아 레슐리 (Celia Lashlie) (2006): 《다 잘 될 거야: 귀여운 소년이 멋진 남자으로 (He Will Be OK: Growing Gorgeous Boys into Great Men)》, 하퍼 콜린스, 뉴질랜드

- 메어틴 맥킨가일 (Mairtin Mac an Ghaill) (1994): 《남자 만들기: 남자다움, 성적매력, 그리고 교육)》, 오픈 유니버시티 프레스, 버킹엄

- 다이엔 맥기니스 (Dianne McGuinness) (1985): 《아이가 배우려 하지 않을 때 (When Children Don't Learn)》, 베이직 북스, 뉴욕

- 앤 모이어, 데이비드 제슬 (Anne Moir and David Jessel) (1993): 《브레인섹스 (BrainSex)》,

만다린, 런던

· 엘리 H. 뉴버거 (Eli H. Newberger) (1999): 《남자아이 키우기 (Bringing up a Boy)》, 블룸스버리, 런던

· 레나르트 닐슨 (Lennart Nilson) (1990): 《한 아이가 태어나다 (A Child Is Born)》, 더블스데이, 런던

· 수 팔머 (Sue Palmer) (2006): 《잔인한 어린 시절 (Toxic Childhood)》, 오라이언 북스, 런던

· 비비안 패리 (Vivienne Parry) (2005): 《호르몬의 진실 (The Truth about Hormones)》, 아틀란틱 북스, 런던

· 마셜 로젠버그 (2003): 《비폭력 대화》, 한국 NVC센터, 2011.01.24.

· 그웬다 샌더슨 (Gwenda Sanderson), 〈멋진 아이, 책 읽는 아이 (Being Cool and a Reader)〉 롤로 브라운, 리처드 플레처 엮음: 《학교의 아이》, 핀치 퍼블리싱, 시드니

· 수전 사이세지 (Susan Seisage) (2001): 《이너 시티 칼리지에서의 남자아이의 활동에 대한 관리와 향상 (Managing an Improvement in Boys' Achievement at an Inner City College)》 레스터 유니버시티 교육경영학 석사 논문. 미출간

· 로빈 스키너, 존 클리세 (Robin Skinner and John Cleese) (1993): 《가족 극복하기 (Families and How to Survive Them)》, 버밀리언, 런던

· 바바라 스트로 (Barbara Straugh) (2003): 《10대 아이는 왜 그럴까? 그들의 머릿속에서 벌어지고 있는 진실들 (Why Are They So Weird? What's Really Going on in a Teenager's Brain)》, 블룸스버리, 런던

· 마크 트웨인 (1876): 《톰 소오여의 모험》

· 메리언 우드홀 (Marion Woodall)(1990): 《남자들의 관심을 끌도록 말하는 법 (How to Talk So Men Will Listen)》, 컨템퍼레리 북스, 시카고

남자아이에게 특별히 추천하는 책 ─────────────

남자아이에게 어떤 책을 좋아하느냐고 물으면 보통은 이렇게 대답한다.

· 마법에 관한 책, 모험에 관한 책, 동물에 관한 책

· 탐정이 나오는 책, 재미있는 책, 무서운 이야기가 나오는 책

· 판타지, 정보를 주는 책, 지도책

· 신화와 전설에 대한 책

· 다음에 소개하는 책들은 어린아이와 어른 모두에게 유익한 책이다.

Ⅰ 논픽션 Ⅰ

· 만화책이나 잡지, 각종 우스갯소리가 소개된 책들

· 《하우 북스(How books)》시리즈, 어스본 퍼블리싱

· 《I Wonder Why 시리즈》, 지식더미, 2011.05.11.

· 《아이위트니스(Eyewitness)》시리즈, 돌링 킨더슬레이(DK)

· 《옵저버(Observer)》시리즈, 펭귄

· 《역사 탐정(History Detective)》시리즈, 필립 아다(Philip Ardagh), 맥밀란 칠드런스 북스

· 《끔찍한 역사(Horrible Histories)》시리즈, 테리 디어리(Terry Deary), 스콜라스틱 히포

· 《역사 모험(Adventures from History)》시리즈, 레이디버드 북스, 윌스 & 헵워스

- 《앗! 이렇게 재미있는 과학이(Horrible Science)》시리즈, 닉 아놀드(Nick Arnold), 김영사, 1999.05.27.
- 《바보처럼(Just Stupid)》, 앤디 그리피스(Andy Griffiths), 맥밀란 칠드런스 북스
- 《탐험가(Explorers Wanted)》시리즈, 사이먼 채프먼(Simon Chapman), 에그몬트 북스
- 《기네스북 2001(Guinness Book of Records)》, 한국기네스, 2001.02.15.
- 《학교생활 잘하는 법(Coping with School)》, 피터 코리(Peter Corey), 스콜라스틱
- 《나쁜 아이(Boys Behaving Badly)》, 제레미 달드리(Jeremy Daldry), 피카딜리 프레스

| 픽션 |

- 《코끼리는 차 위에 앉지 않는다(Elephants Don't Sit on Cars)》, 데이비드 헨리 윌슨(David Henry Wilson), 맥밀란 칠드런스 북스
- 《나쁜 아이(Bad Boys (Strikers))》, 데이비드 로스, 롭 카텔(David Ross and Bob Cattell), 안드레 도이치
- 《누가 내 머리에 똥 쌌어?(The Story of the Little Mole Who Knew It Was None of His Business)》, 베르너 홀츠바르트(Werner Holzwarth), 사계절, 2002.01.05.
- 《신데렐라 왕자(Prince Cinders)》, 바베트 콜(Babette Cole), 퍼핀 북스
- 《무서운 헨리(Horrible Henry)》, 프란체스카 사이먼(Francesca Simon), 돌핀
- 《어린이 그리스 신화(Greek Myths)》, 헤더 어메리(Heather Amery) 엮음, 크레용하우스, 2001.10.05.
- 《내 소원은요(I Wish, I Wish)》, 폴 쉽튼(Paul Shipton), 옥스퍼드 리딩 트리
- 《미스터 마제이카(Mr Majeika)》, 험프리 카펜터(Humphrey Carpenter), 퍼핀 북스
- 《트위트 가족(The Twits)》, 로알드 달(Roald Dahl), 퍼핀 북스
- 《학교에 온 바이킹(Viking at School)》, 제레미 스트롱(Jeremy Strong), 퍼핀 북스
- 《소름 돋는 이야기(Goosebumps)》시리즈, R.L. 스틴(Stine), 스콜라스틱
- 《축구광(Football Crazy)》, 패트리샤 보를렌지(Patricia Borlenghi), 블룸스버리 퍼블리싱
- 《그만!(Short!)》, 케빈 크로슬리(Kevin Crossley), 옥스퍼드 유니버시티 프레스

- 《게으름뱅이 도둑(The Bugalugs Bum Thief)》, 팀 윈튼(Tim Winton), 퍼핀 북스

- 《그리스 10대 전설(Top Ten Greek Legends)》, 테리 디어리(Terry Deary), 스콜라스틱

- 《소년 제임스 본드의 모험(The Adventures of Junior James Bond)》, R D 마스코트 (Mascott), 조나단 케이프 칠드런스 북스

- 《캡틴 언더팬츠(Captain Underpants)》, 데브 필케이(Dav Pilkey), 스콜라스틱

- 《해리 포터(Harry Potter)》시리즈, J. K. 롤링(Rowling), 문학수첩, 2007.12.01.

- 《니임의 비밀(Mrs Frisby and the Rats from NIMH)》, 로버트 오브라이언(Robert C. O'Brien), 보물창고, 2006.07.10.

- 《무서운 이야기(Scary Stories to Tell in the Dark)》, 앨빈 슈워츠(Alvin Schwartz), 리핀 코트, 윌리엄스 & 윌킨스

- 《유령 강아지(Ghost Dog)》, 엘레노어 앨런(Eleanor Allen), 리틀 애플 북스

- 《나니아 연대기(Narnia Collection)》, C.S. 루이스(Lewis), 시공주니어, 2005.11.05.

- 《용감한 형제(Hardy Boys Mystery Stories)》시리즈, 프랭클린 딕슨(Franklin W. Dixon), 어린이 왕국

- 《나는 시궁쥐였어요(I Was a Rat)》, 필립 풀먼(Philip Pullman), 논장, 2008.08.13.

- 《스크리블보이(Scribbleboy)》, 필립 리들리(Philip Ridley), 퍼핀 북스

- 《바 할머니(Grandma Baa)》, 로저 하그레이브스(Roger Hargreaves), 맥밀란 칠드런스 북스

- 《윈드 싱어(The Wind Singer)》, 윌리엄스 니콜슨(William Nicholson), 에그몬트 북스

- 《수다쟁이(Gift of the Gab)》, 모리스 글레이츠먼(Maurice Gleitzman), 퍼핀 북스

- 《대런 샌(The Saga of Darren Shan)》시리즈, 대런 샌(Darren Shan), 문학수첩 리틀북스, 2007.11.05.

- 《깃털이 전해준 선물(Feather Boy)》, 니키 싱어(Nicky Singer), 콜린스

- 《연 날리는 아이(The Kite Rider)》, 제랄딘 매코크린(Geraldine McCaughrean), 옥스퍼드 유니버시티 프레스

- 《히드라(Hydra)》, 로버트 스윈델스(Robert Swindells), 코기 이어링

- 《켄즈케 왕국(Kensuke's Kingdom)》, 마이클 모퍼고(Michael Morpurgo), 풀빛, 2001.06.05.

- 《클리프행어(Cliffhanger)》, 재클린 윌슨(Jacqueline Wilson), 코기 이어링

- 《레모니 스니켓의 위험한 대결 세트9A Series of Unfortunate Adventures, Lemony Snicket)》, 레모니 스니켓(Lemony Snicket), 문학동네어린이, 2010.07.23.

- 《제비호와 아마존호(Swallows and Amazons)》, 아서 랜섬(Arthur Ransome), 시공주니어, 2005.08.01.

- 《수학귀신(The Number Devil)》, 한스 마그누스 엔첸스베르거(Hans Magnus Enzensberger), 비룡소, 2010.11.26.

- 《포엥블랑(Point Blanc)》, 앤쏘니 호로비츠(Anthony Horowitz), 대원씨아이, 2003.04.30.

- 《중독(Wrecked)》, 로버트 스윈델스, 퍼핀 북스

- 《구덩이(Holes)》, 루이스 새커(Louis Sachar), 창비, 2007.08.10.

- 《얼굴(Face)》, 벤자민 제퍼나이(Benjamin Zephaniah), 블룸스버리 퍼블리싱

- 《터무니없는 이야기(Unbelievable)》, 폴 제닝스(Pul Jennings), 장원, 1994.10.01.

- 《환상의 통행료 징수소(The Phantom Tollbooth)》, 노튼 저스터(Norton Juster), 보성출판사, 1994.01.01.

- 《호로비츠의 무서운 이야기(Horowitz Horror)》, 앤쏘니 호로비츠, 오키드 북스

- 《거리의 아이(Street Child)》, 벌리 도허티(Berlie Doherty), 콜린스

- 《축구 천재 스쿠퍼 하그레이브스(Scupper Hargreaves, Football Genius)》, 크리스 드레이시(Chris d'Lacey), 코기 이어링

- 《레전디어 3부작》, 앨런 기븐스, 오라이언 칠드런스 북스

- 《천사(Cherub)》시리즈, 로버트 머차모어(Robert Muchamore)

- 《핸더슨가 아이(Henderson's Boy)》시리즈, 로버트 머차모어

- 《전쟁의 소년들(War Boy)》, 마이클 포먼(Michael Foreman), 퍼핀 북스

- 《레드월(Tales of Redwall)》, 브라이언 자크(Brian Jaques), 문학수첩리틀북스, 2002.07.20.

- 《크레스토맨시의 세계(Worlds of Chrestimanci)》, 다이애너 윈 존스(Diana Wynne Jones), 콜린스

- 《밀가루 아기 키우기(Flour Babies)》, 앤 파인(Anne Fine), 퍼핀 북스

- 《은 나이프(The Silver Sword)》, 이언 세레일리어(Ian Seraillier), 계몽사, 1996.03.01.

- 《줄리와 나, 그리고 마이클 오웬 삼총사》, 앨런 기븐스, 오라이언 칠드런스 북스

- 《데드헌터스(The Dadhunters)》, 조세핀 피니, 콜린스
- 《아르테미스 파울(Artemis Fowl)》, 이오인 콜퍼(Eoin Colfer), 파랑새 2007.09.14.
- 《버피 더 뱀파이어 슬레이어(Buffy the Vampire Slayer)》, 낸시 홀더, 크리스토퍼 골든 (Nancy Holder and Christopher Golden), 포켓 북스
- 《황금나침반 3부작(His Dark Materials trilogy)》, 필립 풀먼, 김영사, 2007.11.30.
- 《반지의 제왕(Lord of the Rings)》, J. R. R. 톨킨(Tolkien), 씨앗을 뿌리는 사람, 2010.07.15.

┃ 시집 ┃

- 《아이를 위한 짧은 노래(Silly Verse for Kids)》, 스파이크 밀리건(Spike Milligan), 퍼핀 북스
- 《내 엉덩이의 점(The Spot on My Bum)》, 게즈 월시(Gez Walsh), 더 킹스 잉글랜드 프레스
- 《버틀러, 부인 부탁드려요(Please Mrs Butler)》, 앨런 앨버그(Allan Ahlberg), 퍼핀 북스
- 《듣기 싫은 노래(Revolting Rhymes)》, 로알드 달, 퍼핀 북스
- 《아이가 듣는 힙합과 랩(Big Bad Raps)》, 토니 미튼(Tony Mitton), 오키드 북스
- 《베오울프(Beowulf)》, 시머스 헤니(Seamus Heaney) 엮음, 펭귄
- 《강철 늑대(The Iron Wolf)》, 테드 휴즈(Ted Hughes), 페이버 & 페이버
- 《10대의 성장과 반항(Shortcuts and Teenage Ramblings)》, 패트릭, 팀 채슬리스(Patrick and Tim Chasslis), 밸런스드 북스

엄마는 너무 모르는 아들의 속마음과 관계의 기술

아들은 원래 그렇게 태어났다

초판 1쇄 발행 2013년 11월 18일
개정판 1쇄 발행 2018년 12월 28일
개정판 2쇄 발행 2022년 3월 4일

지은이 루신다 닐
옮긴이 우진하
펴낸이 민혜영
펴낸곳 (주)카시오페아 출판사
주소 서울시 마포구 월드컵로 14길 56, 2층
전화 02-303-5580 | **팩스** 02-2179-8768
홈페이지 www.cassiopeiabook.com | **전자우편** editor@cassiopeiabook.com
출판등록 2012년 12월 27일 제2014-000277호
일러스트 김서오(SEO O)
편집 최유진, 진다영, 공하연 | **디자인** 이성희, 최예슬 | **마케팅** 허경아, 홍수연, 변승주

ISBN 979-11-88674-44-2 03590

이 도서의 국립중앙도서관 출판시도서목록(CIP)은 서지정보유통지원시스템 홈페이지(http://seoji.nl.go.kr)와
국가자료공동목록시스템(http://www.nl.go.kr/kolisnet)에서 이용하실 수 있습니다.
CIP제어번호: CIP2018040267